什么是相对论

（狭义篇）

长尾君◎著

清华大学出版社
北京

图书在版编目（CIP）数据

什么是相对论. 狭义篇/长尾君著. —北京：清华大学出版社，2023.2（2023.6 重印）
ISBN 978-7-302-62594-0

Ⅰ．①什… Ⅱ．①长… Ⅲ．①相对论－普及读物 Ⅳ．①O412.1-49

中国国家版本馆 CIP 数据核字（2023）第 022856 号

责任编辑：胡洪涛　王　华
封面设计：傅瑞学
责任校对：欧　洋
责任印制：宋　林

出版发行：清华大学出版社
　　　　网　　址：http://www.tup.com.cn，http://www.wqbook.com
　　　　地　　址：北京清华大学学研大厦 A 座　　　邮　　编：100084
　　　　社 总 机：010-83470000　　　　　　　　　邮　　购：010-62786544
　　　　投稿与读者服务：010-62776969，c-service@tup.tsinghua.edu.cn
　　　　质量反馈：010-62772015，zhiliang@tup.tsinghua.edu.cn
印 装 者：三河市天利华印刷装订有限公司
经　　销：全国新华书店
开　　本：145mm×210mm　　印　张：9.5　　字　数：215 千字
版　　次：2023 年 3 月第 1 版　　　　　　印　次：2023 年 6 月第 2 次印刷
定　　价：59.00 元

产品编号：097597-01

总 序

2018 年 5 月,当我在公众号写下第一篇关于相对论的科普文章时,不会想到有一天我的文字会以纸质书的形式出现,更加想不到不只出版一本,而是会有一个系列。

其实,早在 2019 年 2 月,清华大学出版社的胡编辑就找到我,说相对论系列的文章写得不错,问我是否考虑出书。那时候我的文章还都是一些短文,质量也一般(相对后来的主线长文来说),因此就拒绝了。

我的第一篇长文是从谈"宇称不守恒"开始的。一开始我也没打算把文章写得特别长,只是发现为了把宇称不守恒讲清楚,就需要费不少笔墨。然后这篇文章就火了,它在知乎被推上热榜,在微信公众号被很多"大号"转载,阅读量也随之暴涨,我突然发现原来这种深度长文还是很受欢迎的。于是趁热打铁,继续科普杨振宁先生更加重要的杨-米尔斯理论,然后这篇文章就更火了。因为杨振宁先生和清华大学的关系非同一般,所以这两篇文章在清华大学传播得还挺广,随后胡编辑就"二顾茅庐"了。

经此一役,我彻底确定了自己的文风。我发现与其为了追求更新频率写一些短文,还不如花精力把一个问题彻底讲透,打磨一篇长文。虽然文章的更新频率降低了,但文章质量却有了极大的提高,影响力也更大了,我称这种高质量长文为"主线文章"。

与此同时,我发现了一件更加重要的事:当我试图把一个问题彻底讲清楚,特别是想给中小学生也讲清楚的时候,文章的语言就必须非常通俗,逻辑就必须非常缜密,这个过程会倒逼我把问题想得非常清楚。因为你只要有一点想不明白,科普的时候就会发现难以说清楚,问题也就暴露出来了,于是我们就可以针对这一点继续学习。如果没有这个过程,我们无法知道自己到底哪里不懂,学的时候感觉都懂了,一考试又不会,跟别人讲也讲不清楚。这种以输出倒逼输入,以教促学,能极大提高自己学习效率的方法在《礼记·学记》里叫"教学相长",在现代有一个很时髦的名字叫"费曼学习法"。

从此以后,我就迷上了写这种主线长文。2019 年 5 月,我写了第一篇关于相对论的主线文章。因为爱因斯坦主要是从协调牛顿力学和麦克斯韦电磁理论的角度创立狭义相对论的,为了把这个过程理得更清楚,我从 2019 年 7 月开始连续写了 3 篇关于麦克斯韦方程组的文章。又因为麦克斯韦方程组是用微积分的形式写的,我在 2019 年 12 月又写了关于微积分的主线文章。也就是说,整个 2019 年,我一共写了 6 篇主线长文,文章的数量虽然大幅度减少了,但影响力却大大提高了。

进入 2020 年,我继续写关于相对论的主线文章。为了把爱因斯坦创立狭义相对论的过程搞清楚,我基本上把市面上所有相关的书籍都买了回来,在网上查询各种论文和资料,花了大半年时间写了两篇共约 5 万字的主线文章。这虽然是两篇科普文章,但我却感觉是用通俗的语言完成了一篇科学史论文。与此同时,胡编辑"三顾茅庐"希望出版,但我仍然拒绝了。一来我觉得狭义相对论的内容还没写完,二来我不知道这样出书的价值在哪里,大家在手机里不一样可以看文章么？于是我继续埋头写文章，不管出书的事。

写完关于狭义相对论的三篇主线文章以后，不知道出于什么原因（好像是因为听到很多朋友说自己的孩子到了高中就觉得物理很难，不怎么喜欢物理了），我决定先写一篇关于高中物理的主线文章，帮助中学生从更高的视角看清高中物理的脉络，顺便也应付一下考试。这篇字数高达 4.5 万的文章于 2021 年 1 月完成，它是我第一篇阅读量"10 万＋"的文章，也第一次让我知道原来公众号最多只能写 5 万字。因为这篇文章的读者主要是中学生，而中学生又不能随时看手机，所以，当胡编辑再次跟我建议以这篇文章为底出一本面向中学生的科普书时，我同意了。

于是，2021 年 3 月我将书稿交给清华大学出版社，长尾科普系列的第一本书《什么是高中物理》就在 2021 年 8 月正式出版了。在此之前，很多家长都是把我的文章打印下来给孩子看的，整个过程麻烦不说，阅读体验也不好，现在就可以直接买书了。有了纸质书，大家还可以很方便地送亲戚，送朋友，送学生，反而拓宽了读者范围。这件事情也让我意识到：如果想让中小学生尽可能多地看到我写的东西，那出书就是一项非常重要而且必要的工作。于是，我的出书进程加快了。

当我在 2021 年 5 月完成了质能方程的主线文章后，狭义相对论的部分就完结了，于是就有了长尾科普系列的第二本书《什么是相对论（狭义篇）》。接着，我又花了近一年时间，于 2022 年 4 月完成了关于量子力学的科普文章，这就是长尾科普系列的第三本书《什么是量子力学》。再加上 2019 年就写好了的三篇关于麦克斯韦方程组的长文，第四本书《什么是麦克斯韦方程组》也出来了。

如此一来，到了 2023 年，我一共出版了四本书，"长尾科普系列"初具雏形(想查看该系列的全部书籍,可以看看本书封底后勒口的"长尾科普系列"总目录,或者在公众号"长尾科技"后台回复"出书")。当然,既然是系列,那后面就肯定还有更多的书,它们会是什么样子呢?

很明显,我现在对相对论和量子力学非常感兴趣。我写了很多关于狭义相对论的文章,为了更好地理解狭义相对论,我就写了麦克思韦方程组,为了更好地理解麦克思韦方程组,我又写了微积分,这就是我写文章的内在逻辑。现在狭义相对论写完了,那接下来自然就要写广义相对论,对应的书名就是《什么是相对论(广义篇)》。而广义相对论又跟黑洞、宇宙密切相关,所以后面肯定还要写与黑洞和宇宙学相关的内容。

此外,量子力学我才刚开了一个头。《什么是量子力学》也只是初步介绍了量子力学的基本框架,那后面自然还要写量子场论、量子力学的诠释、量子信息等内容,最后再跟广义相对论在量子引力里相遇。总的来说,相对论和量子力学的后续文章还是比较容易猜的,我依然会用通俗的语言和缜密的逻辑带领中小学生走进现代科学的前沿。至于数学方面,我一般都是科普物理时用到了什么数学,就去写相关的数学内容。

我对"科学"这个概念本身也极感兴趣。科学这个词在现代已经被用滥了,大家说一个东西是"科学的",基本上是想说这个东西是"对的,好的,合理的",它早已经超出了最开始狭义上自然科学的范畴。在这样的语境下,我们反而难以回答到底什么是科学了。所以,我希望能够像梳理爱因斯坦创立狭义相对论的历史那样,把"科学到底是怎么产生的"也梳理清楚,然后再来回答"什么是科学"。而大家也知道,追溯科学产生的历史就不可避免地要追溯到古希腊哲学,所以我又得去学习和梳理西方哲学,这样一来工作量就大了。

因此,光是想想上面两部分内容,我估计没有一二十年是搞不定的,"长尾科普系列"实在是任重而道远。好在,我自己倒是非常喜欢这样的学习和思考工作,并且乐此不疲,时间长就长一点吧。

最后,我一直非常重视中小学生这个群体,很希望他们也能读懂我的文章,毕竟他们才是国家科学的未来。因此,我会在不影响内容深度的前提下,不断尝试提高文章的通俗度,降低阅读门槛,努力在科普的深度和通俗度之间做到一个合适的平衡。就目前的效果来看,现在这种形式大概可以做到让中学生和部分高年级小学生能看懂,再往下就会有点吃力了。因此,如果还想进一步降低阅读门槛,让科学吸引更多的人,那就得尝试一些新的表现形式了。比如,我可以尝试把爱因斯坦创立相对论的过程用小说的形式表现出来,将自然科学的观念放在小说的背景里潜移默化地影响人,量子世界的各种现象其实也很适合侦探小说的形式,这些想想就很刺激。更进一步,如果可以通过这样的方式将科学思想、科学精神影视化,那影响范围就进一步扩大了。

想远了,不过这确实是我远期的想法。梦想总是要有的,万一有时间去实现呢?至于以后"长尾科普系列"会不会包含这方面的内容,那就只有交给时间来证明了。

长尾君

目　录

第3篇　质能方程

第4篇　闵氏几何及常见的相对论效应

拓 展 阅 读

第 1 篇

相对论前夜

为了给狭义相对论作铺垫，我先给大家介绍了麦克斯韦方程组。为了让中小学生能更好理解麦克斯韦方程组，我又写了微积分，现在终于可以正式谈一谈狭义相对论了。

爱因斯坦

为什么讲狭义相对论要先讲电磁理论呢？

爱因斯坦发表狭义相对论的论文叫《论动体的电动力学》，一般电动力学教材的最后一章也会讲狭义相对论。这一来一去，你就知道它们的关系不一般了。

那这跟牛顿又有什么关系呢？

牛顿建立了上知天文下知地理的力学体系，日月星辰、潮起潮落都遵循他的定律，这是第一次工业革命的基石；麦克斯韦方程组则包含了一切经典电磁学的东西，他还发现了电磁波，这是第二次工业革命的基础。

牛顿和麦克斯韦的理论在各自领域都获得了巨大的成功，是经典物理学的两座丰碑。但是，如果你试图把它们融合在一起，用统一的目光看待它们，立即就会出现不可调和的矛盾。

为了解决这些矛盾，爱因斯坦进行了艰苦卓绝的探索，并最终创立了狭义相对论。

这种情境,很像现在的广义相对论和量子力学。

当我们使用广义相对论处理引力问题,处理恒星和宇宙的演化时非常好用(可以忽略量子效应),当我们使用量子力学处理电磁力、强力、弱力的问题时也非常好用(引力太弱,可以忽略)。

但是,当我们碰到那些又重又小的东西(比如黑洞和宇宙初期),无法忽略引力和量子效应中的任何一个的时候,就必须结合广义相对论和量子力学,这一结合就出大问题了。

广义相对论和量子力学的不兼容是当今物理学一等一的大事,这种情况跟百年前牛顿力学与麦克斯韦电磁学的不兼容很相似。两种理论能够在各自领域工作良好,就证明它们至少包含了某种正确性,而一结合就出问题,说明我们还是忽略了某些关键的东西。

那么,牛顿力学和麦克斯韦电磁学之间的矛盾是什么?为什么它们无法兼容?有什么关键的东西被忽略了,爱因斯坦又是如何发现的?为什么是年轻的爱因斯坦先发现了这个,其他物理学家却总是差那么一点?

类似地,广义相对论和量子力学之间的矛盾是什么?它们之间被忽略的关键东西又是什么?爱因斯坦统一牛顿力学和麦克斯韦电磁学的工作对我们统一广义相对论和量子力学又有什么启发?

学习历史是为了更好把握未来,科学也一样。在这本书里,我会尽力把历史说清楚,现在和未来的问题,就交给你来慢慢琢磨了。

好,下面进入正题。

01 | 日心说的困境

为了让大家更清楚地了解牛顿和麦克斯韦这两位泰斗的战争，我们先把时间往前推 2000 年。没错，又来到了古希腊时期。

提到日心说，绝大部分人立即就会想到哥白尼，甚至直接把日心说和哥白尼画上等号。但是，如果你去翻翻历史，就会发现早在公元前 3 世纪，一个叫阿利斯塔克的人就提出了日心说，这比哥白尼早了足足 1800 年。

阿利斯塔克是古希腊著名的天文学家，他用数学计算出太阳的半径比地球的大很多（虽然不够精确），所以，他认为是太阳在宇宙中心，地球围绕着太阳转，地球自转一圈为一天，地球围绕着太阳公转一圈为一年。

这是一个很强的论证，如果太阳真的比地球大很多，我们当然更倾向于认为是"小地球"围绕着"大太阳"转。此外，他还发明了一些方法去测量太阳、月亮和地球之间距离的比值。

虽然受限于条件，他当时没法测得很准，但是随着时间的推移，这些数据肯定是会越来越精确的，那得到的结果也应该越来越支持阿利斯塔克的日心说。

但是，后面的结果我们都知道了。400 多年后，伟大的天文学家托勒密在构建他的天文体系时采用的是地心说，而不是日心说，为什么?

先不谈宗教的事,托勒密作为一位杰出的科学家,他为什么最终选择了地心说,而不是看起来很合理的日心说呢?

具体的原因有很多,但其中有一个影响非常大,绝对不能忽视,甚至可以说是击中了当时日心说死穴的原因:如果地球真的在高速转动,那为什么我们跳起来后会落回原地,而没有被甩出去?为什么天上的云不会被吹向一边?

这个问题放到现在当然很简单,一个初中生都可以自豪地甩出"惯性"送给你。但是在当时,或者说在伽利略以前,这的确是巨大的科学难题。

当我们在说惯性的时候,我们其实已经默认了伽利略—牛顿的运动观,认为"力是改变物体运动的原因,而不是维持运动的原因"。但伽利略之前的人并不知道这些,他们认为运动是需要力来维持的。你跳起来之后没有力了,但是依然能落回原地,那就只能认为地球是静止的。

于是,托勒密就理所当然地拒绝了日心说。

02 | 相对性原理

解决这个问题的人是伽利略。

伽利略

　　伽利略想：这里的核心问题就是要解释"为什么地球在动，但是我却感觉不到地球在动？"这个问题并不难，地球太大了不好说，我们先来看看我们熟悉的船。

　　假设在一个平静的湖面上有一艘匀速直线行驶的大船。把所有的窗户都关上，让乘客看不到外面的景象。那么，乘客能根据船舱里的情况分辨出这艘船是静止还是匀速直线运动的吗？答案是不能！

　　你可以在船舱里做各种实验：你可以跳起来，然后发现自己会落回原地；你去看鱼缸的鱼,发现鱼依然均匀地分布在鱼缸的各个部分,并不会挤向船尾的方向；你可以跟朋友正常地玩篮球,而不用担心篮球会往后窜。

总之,大家可以想象,在这个匀速行驶(一定要是匀速,加速的话就能明显感觉到不一样了)的船舱里做的一切力学实验,都应该跟在静止的船舱里没有任何区别。

伽利略的船舱实验

也就是说,我们根本无法通过力学实验区分这艘船是静止的还是匀速直线运动的,这就是伽利略的相对性原理。

相对性原理告诉我们,一个静止和匀速直线运动的参考系是完全等价的。我们无法通过力学实验区分二者,这也非常符合我们的生活经验。

飞机在天上平稳飞行的时候,你可以在飞机里看书、写作,就像在家里一样。如果不看窗外的景象,你也很难区分飞机是在飞行途中还是静止在机场。一座在匀速上升或者下降的电梯,你身在其中会感觉它跟没动一样,只有电梯在加速或减速的时候,你才会发现明显的不同。

其他例子我就不多举了，相信大家只要稍微想一想，就会明白相对性原理其实是非常自然的。有了相对性原理，日心说的困境就迎刃而解了。为什么？

因为完全可以认为地球就是这样一艘大船（大飞机），它非常均匀地运动。所以，根本就不能通过"跳起来会落回原地"这个事实来证明地球是静止还是运动的。静止的地球会有这样的结果，匀速运动的地球一样会有这样的结果。因此，就算支持日心说，认为地球在高速转动，这个事实也不会跟日心说发生冲突了。

于是，攻击日心说最锋利的武器瞬间就变成了一堆废铁。有了伽利略的这些合理解释，哥白尼的日心说才没有在这里"翻车"。

哥白尼

03 | 惯性系

好,现在我们知道了:静止和匀速直线运动的参考系是等价的,也就是说惯性系都是等价的。

那么,什么是惯性系?

惯性系的定义是个比较麻烦的问题,有些书用"满足牛顿第一定律的参考系"来定义惯性系。也就是说,如果一个物体在不受外力(或者合外力为零)的情况下能保持静止或者匀速直线运动,那它所在的参考系就是惯性系。因此,牛顿第一定律又叫惯性定律。

但是,如果深究一下,你就会发现这里出现了循环定义。因为什么叫"不受外力",你想来想去,最后只能用"在惯性系里保持静止或者匀速直线运动"来定义不受外力。这样,你定义惯性系需要依赖不受外力这个概念,定义不受外力又要依赖惯性系的概念,这就是典型的循环定义了,这在逻辑上是不允许的。

不过,虽然逻辑上有点问题,但日常使用起来还是很方便的。把一个篮球放在地面上,这个篮球静止不动,所以地面系就可以看作一个惯性系;把这个篮球放在一辆加速的汽车上,篮球会向车尾滚动,所以加速的汽车不是惯性系。

关于惯性系的定义,这里就不做深入讨论了。如果大家感兴趣,以后我可以专门写文章讨论这个麻烦的问题。

在这里,我们只要知道地面系可以近似看作惯性系,而且,如果一个参考系相对某个惯性系做匀速直线运动(比如一辆匀速运动的火车),那么这个参考系也是惯性系就行了。

有了惯性系的概念,伽利略的相对性原理就可以简单地说成"力学实验对所有的惯性系都平权",或者说"我们无法通过任何力学实验来区分两个惯性系",就不用老是重复说静止和匀速直线运动了。

毕竟,你在地面上觉得地面静止,火车在匀速运动;你在火车上,又会觉得火车静止,地面上的东西在匀速运动。静止和运动是个相对的概念,它取决于你如何选择参考系。

所以,执着于区分静止和匀速直线运动是没有意义的,我们只要把握住它们(地面系和火车系)都是惯性系,而力学实验无法区分惯性系就行了。

好,我们现在知道了相对性原理要求力学实验对所有的惯性系都平权,而力学实验是由对应的力学定律来描述的。那么,相对性原理会对这些力学定律做出什么样的要求呢?

想找到答案,我们需要对相对性原理做更深层次的剖析。

04 | 从实验到定律

假设现在有地面系和火车系两个惯性系,火车相对地面做匀速直线运动。

当我们说力学实验无法区分地面系和火车系的时候,我们是在说:在火车里抛球也好,跳远也好,做的各种力学实验跟在地面上的感觉都是一样的。

在地面上能跳多远,在火车上就能跳多远;在地面上从 1 m 高的地方扔下一个小球,这个小球经过多长时间着地,在火车上小球也会经过同样的时间着地。也就是说不管在地面还是在火车上,1 m 高的小球都会经过相同的时间落地,因此无法通过这个区分地面系和火车系。而且,这个下落时间,是可以通过力学定律精确算出来的。

比如,我们使用牛顿力学(当然也可以用其他的理论,比如广义相对论)的自由落体运动公式,很快就能算出这个下落时间大概是 0.45 s。也就是说,在地面系使用牛顿运动定律计算小球下落,得到的时间是 0.45 s;在火车系依然使用这个公式计算,得到的结果依然还是 0.45 s。

正因为在地面系和火车系计算的时间都一样(一样的公式,一样的已知条件,结果怎么可能不一样?),你才会无法区分这两个惯

性系。

不过,不知道你意识到了没有,你在这个过程中使用了一个可能连你自己都没有意识到的假定。正是这个假定,既保证了在地面系和火车系的计算结果都一样,也保证了你无法区分这两个惯性系,同时还保证了相对性原理。

这个假定就是:默认牛顿运动定律不管在地面系还是火车系都是一样的,用来计算小球下落的数学公式,不管在地面系还是火车系都一样。

正因为在地面和火车使用的都是这个公式($h=gt^2/2$),所以算出来的时间才会一样。你想想,如果在地面系用$h=gt^2/2$计算,在火车系用$h=gt^2/3$计算,那结果还能一样吗?

我知道,肯定有些人觉得这是废话。牛顿运动定律只此一家,别无分店,怎么可能一个公式在地面系是这样,在火车系是那样呢?我们学习自由落体运动的时候,老师也只讲了这一个公式,不管地面系还是火车系,你都只能用这个公式,因为你根本就没有别的选择。

正因为如此,所以我才说很多人平常都不会意识到这个问题。

牛顿

但是,你不得不承认这个问题确实是存在的。而且,正因为牛顿运动定律在地面系和火车系的数学形式一样,你才无法区分地面系和火车系,才会符合相对性原理。然而,更重要的是,这其实并不是一件多么理所当然的事。

你觉得物理定律的数学形式在不同的惯性系里就必须是一样的吗?你严格地证明了吗?你只不过觉得应该是这样的,然后就默认这样用了,而牛顿力学刚好满足这个条件罢了。

我完全可以认为某些定律只能在某些特殊的惯性系里使用,在其他的惯性系里使用就是错误的。这样,在不同的惯性系里使用定律的数学形式就不一样了,那么你就能区分这两个惯性系了,这也就意味着相对性原理不再成立。

因此,物理定律的数学形式在不同惯性系里是否一样,要看它是否满足相对性原理。这绝不是理所当然,天生就成立的。也就是说,从实验的角度来看,相对性原理要求力学实验对所有的惯性系平权。不管在哪个惯性系里做力学实验,你的感觉应该都是一样的,这样才无法区分这两个惯性系,它们才平权。

从定律的角度来看,相对性原理要求力学定律在所有惯性系的数学形式都一样。因为只有定律的数学形式一样,它在不同惯性系计算的结果才一样,这样才能"欺骗"你的感觉,让你无法分辨出在哪个惯性系,这样惯性系才平权。

从实验到定律,这两种表述是等价的,都是相对性原理的体现。

那么,牛顿力学是否满足相对性原理呢?应该是满足的。不然在火车、飞机上使用了这么久的牛顿运动定律怎么一直没有出错呢?那要如何证明牛顿运动定律的数学形式在所有的惯性系里都一样呢?

以前我们可能不知道有这回事,拿着牛顿的定律在地面系、火车系、飞机系随便就用。现在既然知道了,那就肯定要找一找这么做的合理性依据在哪儿,不能再继续这样懵懂无知下去了。

以牛顿第二定律 $F = ma$ 为例,假设它在地面系是这样的,那要怎么证明它在火车系还是这样的呢?

你会发现我们需要一个桥梁,一个沟通地面系和火车系的桥梁,一个能把牛顿第二定律从地面系变换到火车系的桥梁。看看我们把 $F = ma$ 变换到火车系之后,它的数学形式到底还是不是这样。

那地面系和火车系之间有没有桥梁呢?当然有,因为它们本身就有关系。

火车在地面上以一定的速度匀速行驶,同一个事件,地面系把它的信息记录了一份,火车系也把它的信息记录了一份,这两者肯定是有某种关系的。

我们要做的就是把这种变换关系找出来,把这两个惯性系之间的关系找出来,再看看牛顿力学的定律在这种变换下的数学形式是否发生改变。

那么,这到底是一种什么样的变换呢?

05 | 伽利略变换

牛顿力学非常符合常识，所以这种变换应该也是符合常识的，我们不妨先来猜一猜。

假设我们在地面系 S 建立一个坐标系 (x,y,z,t)，有一辆火车以速度 v（沿 x 轴正方向）匀速运动，我们在火车系 S′ 里也建一个坐标系 (x',y',z',t')。为了简化问题，我们让这两个坐标系一开始是重合的（图 5-1）。

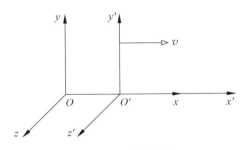

图 5-1　运动坐标系 1

对于任何发生的事件，地面系和火车系都会记录下事件发生的时空信息（x,y,z 记录空间信息，t 记录时间信息）。我们想要知道的就是：这两套坐标系记录的时空信息之间有什么关系。

先看时间。

假如火车上有一个小球开始下落,火车上的时钟记录的时间为早上 8 点,那地面上的时钟会是几点呢? 不要笑,我不是在逗你玩儿,我是在讨论一件很严肃的事情。

你可能会觉得这还需要讨论吗? 火车上的时钟记录的时间是早上 8 点,地面的钟只要没坏,不考虑什么时区的问题,它当然也是早上 8 点。不仅如此,所有的时钟记录的时间应该都是一样的,这是生活常识。我们宣布奥运会什么时候举行,只需要对外公布一个时间。不会说北京时间什么时候,上海时间什么时候,更不会说高铁时间什么时候,因为我们默认大家都共用一个时间:同一个世界,同一个时间。

没错,这种想法是非常有道理的,也非常符合我们的常识。

我不会评论你这种想法是对还是错,我只能说这代表了你对时空的一种看法,这是你的一种时空观。在这种时空观下,时间是绝对的,独一无二的,所有人都共用一个时间。也就是说,如果你认同这种绝对的时间观,那么火车系测量时间 t' 和地面系测量时间 t 就应该永远都是相等的,即 $t'=t$。

但是,到后面我们会发现,这个问题绝不是想象得这么简单,它背后大有学问。越是符合常识,越是平凡的东西,想要发现它的不平凡就越不容易。

好,接下来看空间。

地面系和火车系的 3 个空间坐标 x,y,z 应该满足什么关系呢? 因为火车只沿着 x 轴运动,所以,在地面系和火车系测量的 y 和 z 的值应该也是一样的($y'=y,z'=z$),唯一不同的就是 x 了。

这个关系也不难,大家琢磨一下就能得到这个结果:$x'=x-vt$。也就是说,如果地面系测量的横坐标是 x,用这个 x 减去 vt(火车的速度 v 乘以时间 t),就能得到火车系下测量的横坐标 x'。

你可以自己试一下,假如你在火车系的原点处放一个小球,那么这个小球在火车系的横坐标 x' 就永远等于 0($x'=0$)。火车的速度乘以时间(vt)刚好就是地面系测量的它的位移 x,代入进去刚刚好($0=x-vt$)。

即使小球不在原点,也不难验证它们的横坐标依然满足这个关系。于是,我们就找到了两个惯性系之间的坐标变换关系:

$$\begin{cases} x'=x-vt \\ y'=y \\ z'=z \\ t'=t \end{cases}$$

如果在地面系 S 观测到一个事件的时空坐标为(x,y,z,t),通过上面的坐标变换公式就能求出它在速度为 v 的火车系 S′ 上的坐标(x',y',z',t'),这样我们就找到了联系两个惯性系之间的一座桥梁(图 5-2)。

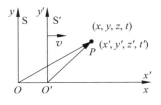

图 5-2　运动坐标系 2

回想一下,这种变换之所以能成立,是因为我们假设时间是绝对的($t'=t$,它在所有参考系里都是一样的),空间像一个坚固的大盒子,无法被压缩。在这种绝对的时空观下,我们推出了两个惯性系之间的坐标变换关系,这个变换就叫伽利略变换。

06 | 牛顿力学与伽利略变换

　　牛顿力学也是绝对的时空观，牛顿在《自然哲学的数学原理》（简称《原理》）的一开头就写道："绝对的、真实的、数学的时间，由其特性决定，自身均匀地流逝，与一切外在事物无关；绝对空间自身的特性与一切外在事物无关，处处均匀，永不移动。"

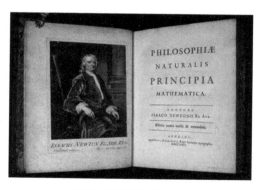

《自然哲学的数学原理》

　　既然牛顿力学是绝对的时空观，而我们从绝对时空观里又自然地推导出了伽利略变换。那么，不难想象，在牛顿力学里联系两个惯性系的坐标变换应该就是伽利略变换。也就是说，如果牛顿力学满足相对性原理，那么牛顿力学的所有定律就应该在伽利略变换下保持数学形式不变。

如果一个定律在地面系是 $A=BC$，这几个量经过伽利略变换后变成了火车系的 A'、B' 和 C'，那么它们还应该满足 $A'=B'C'$，这样才叫数学形式没变。

　　我们说牛顿力学的定律形式不变，并不是说它什么都不变。物理量 A、B、C 经过伽利略变换之后变成了 A'、B'、C'，那肯定跟以前的量不一样了。只是，一个量变了，大家协同着一起变，最后总的数学形式依然保持 $A'=B'C'$ 这个样子，这才是牛顿力学的所有定律在伽利略变换下保持形式不变的真正意思。

　　因此，我们也可以说牛顿运动定律具有伽利略协变性（在伽利略变换下所有物理量都协同变换，但是总的形式保持不变），用协变性大家可能更容易理解一些。

　　这段逻辑大家一定要好好地梳理清楚，只有把这段逻辑彻底搞清楚了，才算真正明白了相对性原理。

　　为了让大家更深刻地理解"牛顿运动定律具有伽利略协变性"，我们来看一个具体的例子，看看大名鼎鼎的牛顿第二定律（$F=ma$）是如何具有伽利略协变性的。

07 | 牛顿第二定律

牛顿第二定律说一个物体受到的合外力 F 等于这个物体的质量 m 乘以它的加速度 a（$F = ma$），那我们就来分别考察一下这 3 个量在地面系和火车系的情况。

先说质量 m，质量是一个不变量。不变量就说它是不随参考系的变化而变化的，在地面系测的值是多少，在火车系就还是多少。

这个比较容易理解，质量是物体的一个内在属性，它怎么可能随着参考系的变化而变化呢？比如你去查电子的质量，那就是一个具体的数字（9.10956×10^{-31} kg），白纸黑字地写在那里，是不会随参考系的变化而变化的。

在牛顿力学里,除了质量 m,力 F 也是一个不变量。这就是说,对地面系和火车系来说有 $m'=m$,$F'=F$,那问题的关键就是加速度 a' 和 a 了。

地面系和火车系的加速度有什么关系呢?

我们可以这样看,加速度是单位时间内速度的变化,速度是单位时间内位移的变化,而火车系 S' 和地面系 S 的位移关系是伽利略变换直接给出的($x'=x-vt$)。那么,我们把位移关系的两边同时除以两次单位时间(用微积分解释就是对时间求两次导数),不就能得到加速度 a' 和 a 的关系了吗?

好,火车系的速度是 $u'=s'/t'$,地面系的速度是 $u=s/t$,我们把 $x'=x-vt$ 的两边都除以时间(因为伽利略变换里 $t=t'$,所以两边可以分别除),然后对应的速度关系就简单了(因为火车只沿 x 轴的方向运动,所以 x 和位移 s 是相等的,写成 $s'=s-vt$ 也没问题):

$$u'=\frac{s'}{t'}=\frac{(s-vt)}{t}=\frac{s}{t}-v=u-v$$

推导很简单,得到的结果 $u'=u-v$ 就是我们熟悉的速度合成法则,也就是说这两个惯性系测量的速度相差一个速度 v,符合题意。

好,有了速度关系 $u'=u-v$,我们两边再同时除以一次时间,就能得到加速度 a' 和 a 的关系:

$$a'=\frac{u'}{t'}=\frac{(u-v)}{t}=\frac{u}{t}-0=a$$

因为速度 v 是参考系的相对速度,是一个不随时间变化的常数,所以它在单位时间的变化量就是 0,于是对加速度就没有影响了。所以,我们就得到了 $a'=a$,也就是说火车系的加速度 a' 等于地面系的加速度 a。

这样,我们就发现地面系和火车系的力 F、质量 m 和加速度 a 都是相等的($F'=F$,$m'=m$,$a'=a$)。那么,如果牛顿第二定律在地面系的数学形式是 $F=ma$ 这样,经过伽利略变换之后的 F'、m'、a' 就依然可以满足 $F'=m'a'$。

这就意味着牛顿第二定律的数学形式在伽利略变换前后保持不变,因此它具有伽利略协变性,证毕。

当然,不只是牛顿第二定律,牛顿力学的所有定律都具有伽利略协变性,你可以仿照我这个思路去验证一下。

08 | 绝对时空观

　　好，到了这里，我帮大家把前面的思路梳理一下：伽利略为了给日心说作辩护，从生活经验和实验中提炼出来了相对性原理。它告诉我们，无法通过力学实验区分静止和匀速直线运动的参考系，所有的惯性系都是平权的，没有谁更特殊。

伽利略

　　力学实验由对应的力学定律（比如牛顿运动定律）来描述，如果一套理论满足相对性原理，那么它的数学形式就应该在所有的惯性系里保持一样。

　　为了验证一个定律在不同的惯性系的数学形式是否一样，我们就需要找到联系两个惯性系的桥梁,这就是坐标变换。而变换并不是天然存在的,不同惯性系下的物理量之间有什么关系,这严重依赖于你的时空观。

比如,所有惯性系测量的时间都是一样的吗? 如果你回答是,那就说明你认为时间是绝对的,认为全世界的观察者都共用一个时钟。你觉得空间像一个坚固的大房子,还是像一块可以被压缩拉伸的海绵。不同的回答就意味着对空间的不同理解。

不难想象,对时间和空间的不同理解,必然会导致不同的变换。

牛顿力学是绝对的时空观,它认为时间均匀流逝,与一切外在事物无关;空间处处均匀,永不移动。这种绝对时空观对应的变换就是伽利略变换,而牛顿力学的所有定律在伽利略变换下能够保持数学形式不变,所以牛顿力学满足相对性原理。

在绝对时空的大背景下,牛顿力学和伽利略变换配合得天衣无缝。它们能解释苹果下落、气球上升,能解释潮起潮落,也能解释日月星辰的运动轨迹。牛顿力学取得了空前的成功,牛顿直接被"封神"。

牛顿

后来，人们把这种力学思想运用到热现象里去，把宏观的热现象还原成了微观分子间的相互作用，建立了热力学，一样获得了巨大的成功。

但是，当人们把研究对象转向电磁领域的时候，上帝的天平不再偏向牛顿和伽利略，电磁定律把他们组建的世界冲击得七零八落。

大家都知道经典电磁领域的集大成者是麦克斯韦，为了给这里做准备，我之前专门写了3篇麦克斯韦方程组的入门文章（积分篇、微分篇和电磁波篇），这里就不再详述了。

电磁理论，或者说麦克斯韦方程组出了什么问题呢？

09 | 电磁理论的挑战

用一句话概括就是：电磁定律不再满足伽利略变换，麦克斯韦方程组不具有伽利略协变性。

也就是说，麦克斯韦方程组是这样的：

$$\nabla \cdot \boldsymbol{E} = \frac{\rho}{\varepsilon_0}$$

$$\nabla \cdot \boldsymbol{B} = 0$$

$$\nabla \times \boldsymbol{E} = -\frac{\partial \boldsymbol{B}}{\partial t}$$

$$\nabla \times \boldsymbol{B} = \mu_0 \left(\boldsymbol{J} + \varepsilon_0 \frac{\partial \boldsymbol{E}}{\partial t} \right)$$

如果我们用伽利略变换把方程组的各个物理量都映射到另一个惯性系 S' 里，那么，在 S' 下的新物理量将不再满足上面这种关系。

这跟牛顿第二定律完全不一样。上面我们已经验证了，我们把牛顿第二定律 $F=ma$ 用伽利略变换从一个惯性系映射到另一个惯性系，新系下的 F'、m'、a' 依然能组成牛顿第二定律 $F'=m'a'$，而麦克斯韦方程组办不到。

麦克斯韦方程组不具有伽利略协变性，这个事情既不需要实验验证,也不需要什么额外的假设。因为方程组就是这样,伽利略变换也是明确给出的,判断麦克斯韦方程组是否具有伽利略协变性,这是一个纯粹的数学问题。经过一通计算之后,它是否满足一目了然,没有讨价还价的余地。

所以,面对麦克斯韦方程组不具有伽利略协变性这个既定事实,我们要考虑的是:为什么会这样?

牛顿力学满足相对性原理,代表绝对时空观的伽利略变换可以与之适配。

现在麦克斯韦方程组跟伽利略变换不适配,那么就应该有两种可能:第一,麦克斯韦方程组根本就不满足相对性原理;第二,麦克斯韦方程组虽然满足相对性原理,但是与之适配的变换并不是伽利略变换。

那么到底是哪一种情况呢? 我们来逐一分析以下两种可能性。

10 | 第一种可能性

第一种可能性，也就是认为麦克斯韦方程组不满足相对性原理，这是什么意思呢？

不满足相对性原理，就是说麦克斯韦方程组的数学形式并不是在所有的惯性系里都一样，它可能只在某个惯性系是这样，在其他惯性系里就不是这样了。假如麦克斯韦方程组在地面系是这样的，那么可以在地面用它处理电磁现象，在火车系就不行了。

你可能觉得这太荒谬了，怎么可能在火车上就不能使用麦克斯韦方程组了呢？难道火车上的电磁现象就不满足这些规律了吗？如果法拉第在火车上做实验，会得出与实验室里完全不一样的电磁定律吗？

法拉第

听上去很荒谬,但是如果你认为麦克斯韦方程组不满足相对性原理,结果就是这样。

当然,如果你认为麦克斯韦方程组在火车系不能用,那我们也没有理由认为它在地面系就能用。因为地球只不过是宇宙里极其平常的一个星球,如果麦克斯韦方程组只在一个参考系中成立,那凭什么是地面系? 太阳系可不可以? 火星系可不可以?

因此,如果你非要认为麦克斯韦方程组不满足相对性原理,它只在一个参考系适用。那么,我们就只能选择一个在宇宙范围内看起来非常特殊的参考系,那这个参考系是什么呢?

很容易想到,如果我们秉持牛顿-伽利略的绝对时空观,把整个空间都看作一个坚固的大房子,那么这个房子本身所在的参考系毫无疑问就是那个最特殊的参考系。

另外,麦克斯韦方程组认为光是一种电磁波,传统的波动说认为只要是波那就一定有介质,没有介质波怎么传播呢? 水波的介质就是水,声波的介质就是空气,所以,没有水自然就没有水波,在真空里也听不到声音。

而光是一种电磁波,那么我们自然也需要一种能够传递电磁波的介质。

于是，我们会发现，要让假设成立，我们需要一个空间这个大房子本身所在的特殊参考系，这个参考系还要能够作为传播电磁波的介质。由于光可以在真空中传播，我们在宇宙的各个方向都能看到光，所以这种介质还应该遍布宇宙。

因此，大家就假设有一种铺满宇宙的东西，它既是那个最特殊的参考系，也是电磁波的介质，并给它取名为以太。

大家可以发现，如果我们假设麦克斯韦方程组不满足相对性原理，那以太的出现几乎就是必然的，而且跟我们熟悉的绝对时空观不冲突，多好！

这样处理的代价似乎是最小的，麦克斯韦本人接受的也是这样的观念。也就是认为宇宙中充满了轻盈的以太，光通过以太传播，麦克斯韦方程组只能在以太系中成立，在其他参考系里不成立，所以它不满足伽利略变换也是说得过去的。

那么，为什么我们在地球上使用麦克斯韦方程组却没有出错呢？难道这么巧，地球所在的参考系刚好就是以太系？或者说，地球因为某种原因带着以太一起运动？不能吧，这也太巧了。

因此，物理学家们就只能拼了命地去寻找以太。如果地球真的"浸泡"在以太池里，那么地球自转、

麦克斯韦

公转的时候多多少少会产生一些"以太风"，只要实验设计得足够精巧，我们理论上是能找到它的。然而，实验并没有找到任何以太风，事情就这样尴尬地僵住了。

这样，第一种可能性分析完了，我们再来看看第二种可能性。

11 | 第二种可能性

第二种可能性也就是我们认为麦克斯韦方程组依然满足相对性原理，只不过，与之适配的变换并不是伽利略变换。

为什么我们要考虑第二种可能性呢？是因为第一种可能性会导致以太，但是大家死活都找不到以太，所以转向第二种可能性吗？

是，也不是。

大家找不到以太，第一种可能性的威信当然会慢慢降低，于是转而考虑第二种可能性是可以理解的。但是，这个原因并没有那么重要，因为找不到以太，物理学家还可以解释为什么找不到以太（参见洛伦兹的操作，他用长度收缩来解释为什么我们观测不到以太风），是不会轻易放弃，转而"投敌"的。

那么，究竟为什么要考虑第二种可能性呢？因为第二种可能性本身就很值得考虑。

相对性原理是个多么美妙的原理啊，伽利略当年就是凭着它给日心说翻盘的。牛顿力学的大获成功，就已经证明了相对性原理在力学领域是非常正确的，那凭什么到了电磁领域就不正确了呢？

在一个匀速直线运动的船舱里，无法通过力学实验分辨出这

爱因斯坦和洛伦兹

艘船到底是静止还是匀速运动,难道通过电磁实验就能够区分了?难道在匀速直线运动的船舱里,我们的电磁定律都不一样,那么我们使用的各种电气电子设备岂不是都要出问题了? 如此我们的手机在运动的火车里就不能用,你觉得这可能吗?

如果你坚持认为电磁定律不满足相对性原理,那么,上帝除了要制造一个特殊的以太参考系,还要让有的定律(力学定律)满足相对性原理,有的定律(电磁定律)不满足相对性原理,这不麻烦吗?

很多物理学家对物理定律的简单和美都有一种执着的追求,爱因斯坦、狄拉克、杨振宁都是这样的,而相对性原理就是这样一条又简单又美的原理。

因此,不管是从美学考虑,还是从哲学考虑,让电磁定律放弃相对性原理都是让人很难接受的一件事。更何况,根本没有任何实验证据,那就更可疑了。

近代物理学的发展，就是一部人类特权的消亡史。最开始人们认为地球是宇宙中心，结果发现地球只不过是太阳系的一颗普通行星；人们又以为太阳是中心，结果发现银河系里有无数个太阳系；当人们准备相信银河系是中心的时候，大量河外星系又被发现了；当人们准备退一万步，说起码这个宇宙是唯一的吧，结果很多理论都指向了各种版本的平行宇宙。

人们以为地球很特殊，结果物理学一次次告诉你：地球一点也不特殊，上帝好像也没有创造什么特殊的东西。

既然这样，既然上帝这么公平公正，为什么我们要相信他预设了一个特殊的参考系呢？为什么他会对电磁定律开特殊的"后门"呢？相对性原理说大家都绝对公平，所有的惯性系都一样，这很符合近代物理的精神啊。所以，我们也有充分的理由认为麦克斯韦方程组也是服从相对性原理的。

如果麦克斯韦方程组服从相对性原理，而它却不具有伽利略协变性，那我们就只能认为跟麦克斯韦方程组适配的变换并不是伽利略变换，这又意味着什么呢？

12 | 新的时空观

前面我也说了,伽利略变换是绝对时空观的体现,只要你假设大家都共用一个时间,认为空间就像坚固的大房子那样,那么惯性系之间的变换关系就是伽利略变换。

如果你认为麦克斯韦方程组不满足伽利略变换,那这就是在挑战绝对时空观,这就是翻天的大事了。所以,一般人根本就不敢往这方面想。虽然大家都认为相对性原理很美妙,觉得如果电磁理论也满足相对性原理,那当然是非常不错的事情。

但是,当他们继续往前走,发现这会跟绝对时空观发生冲突时,他们就立即起身告辞,表示下次一定支持相对性原理,然后就继续寻找以太去了。

为什么当相对性原理跟时空观发生冲突时,绝大部分人都立即抛弃了看起来很美的相对性原理,而选择坚守绝对时空观呢?

这个其实也很容易理解。一方面,很多人压根就没意识到有时空观这个问题。当他们发现如果让麦克斯韦方程组满足相对性原理,就会出现一些"荒谬"结论的时候,他们就觉得这是一条死路,这是方向错了,不予考虑。

另一方面,虽然有极少数非常优秀的科学家会意识到这个问题,他们隐隐约约地感觉到:"麦克斯韦方程组没问题,相对性原理也没问题,那是不是牛顿-伽利略的绝对时空观有什么问题? 时间和空间是不是有可能并不是这样的?"但是,光怀疑是不够的,如果说绝对时空观可能不对,那么正确的时空观是什么? 如何在全新的时空观里建立全新的物理学呢? 摧毁旧世界是容易的,难的是如何建立新世界。

最后,有一个年轻的科学家完全抛弃了绝对时空观,并且在全新的时空观下建立了全新的物理学。

因为他年轻,没有思想包袱,所以在旧世界里陷得不深,敢直接放弃旧的时空观。

因为从小就读康德、休谟、马赫、庞加莱等哲学大师的著作,所以不论是从哲学还是美学考虑,他都无比钟爱相对性原理。

因为他思考问题思考得很深,所以能找到让麦克斯韦方程组和相对性原理共存的办法。

因为他生活在钟表大国——瑞士,供职于专利局,每天都要审查非常多跟时间、钟表相关的专利,所以他对时间问题特别敏感,并最终从时间这里找到了关键的突破口。

这个人是谁，我相信你们都知道，他就是爱因斯坦。

爱因斯坦

只要把麦克斯韦方程组和相对性原理之间的冲突解决了，狭义相对论的诞生就是水到渠成的事了。至于爱因斯坦是如何着手解决这个问题，他又是如何发现问题的关键，解开了别人眼里的死结从而创立狭义相对论的，我们稍后再慢慢说。

这里，我先带大家看一个具体的例子。看看如果坚持麦克斯韦方程组和相对性原理，到底会出现什么"大逆不道"的结论，以至于把那么多科学家都直接吓跑了。

13 | 电磁波的疑难

在《什么是麦克斯韦方程组》一书的电磁波篇里，我带着大家一步步从麦克斯韦方程组推出了电磁波的波动方程，并给出了电磁波的速度公式：

$$v = \frac{1}{\sqrt{\mu_0 \varepsilon_0}}$$

因为 μ_0、ε_0 都是常数，代入公式我们就会发现电磁波的速度等于光速 c，从而发现"光是一种电磁波"。

对于能看到这里的朋友，我相信对这个结论已经不会奇怪了，那么真正奇怪的地方在哪里呢？

大家再去看看电磁波的推导过程，你会发现一件奇怪的事情：我们是直接从麦克斯韦方程组出发，一番数学运算之后得到的电磁波速度公式。整个过程我没有预设任何物理上的东西，没有预设任何参考系！

可能你还没有意识到这件事情的怪异之处，那我们再来回忆一下。初中刚学物理的时候，老师就一定跟你强调过：速度是相对的，在说一个物体的速度的时候，一定要指定参考系，否则所说的速度就是没有意义的。

你坐在家里觉得自己没动，但是你相对太阳就在高速运动；你觉得地面的树没动，但是火车上的人就会觉得树在高速运动。这些很好理解，大家也很容易接受"凡谈论速度，必先指定参考系"。

但是，在计算电磁波速度的时候，你指定参考系了吗？你选定哪个特定的参考系了吗？

没有，都没有！

你做的事情就是拿起麦克斯韦方程组，一通纯数学计算之后得到了那个电磁波的速度公式。

你在没有指定任何物理情景，没有指定任何参考系的情况下算出来了一个电磁波速度，那么这个速度是哪个参考系的？地球系的，火车系的，还是太阳系的？显然都没有道理。

虽然不知道这是相对哪个参考系的，但是我们就是凭空算出一个速度 c 来了，就像石头缝里凭空冒出了一个孙猴子。

遇到这样棘手的问题，应该怎么考虑？

很显然，没有任何理由认为这个速度是相对哪个具体参考系的，地球不行，火车不行，太阳也不行。

那么，要么认为存在一个全宇宙最特殊的参考系，比如我们在第一种可能性里说的以太，认为这个速度是相对以太的。这其实就是认为麦克斯韦方程组不满足相对性原理。

或者就认为这个速度对所有的惯性系都成立，也就是认为电磁波在所有惯性系下的速度都是 c。这其实就是认为麦克斯韦方程组满足相对性原理，认为它在所有的惯性系下都是正确的，这就是前面讨论的第二种可能性。

从这里也可以看出，即便我们不从相对性原理本身考虑，麦克斯韦方程组推出的这个电磁波速度也迫使你不得不"二选一"。麦克斯韦方程组是否满足相对性原理，这是一个必须回答的问题。

此外，有人说因为麦克斯韦方程组推出电磁波的速度（也就是光速）是一个常数，所以我们可以从麦克斯韦方程组推出狭义相对论的光速不变原理，这是不对的。

14 | 光速不变原理

　　光速不变原理不是说光在真空中的速度是一个定值(声波在空气中的速度还是一个定值呢),而是说不管在哪个惯性系里测量真空中的光速,它都是一个定值。

　　它的重点是强调真空光速在所有的惯性系里都一样,也就是说真空光速对所有惯性系都平权。

　　看到这里,这句话已经听熟了吧? 所有的惯性系都平权,这不就是相对性原理的核心思想吗?

　　所以,单从麦克斯韦方程组推出的电磁波速度,是无法推出光速不变原理的,因为这个速度根本就没有提及任何参考系。我完全可以说麦克斯韦方程组推出的光速只在以太系里成立,在其他参考系里不成立,这样你还能说光速不变吗?

　　但是,如果同时坚持麦克斯韦方程组和相对性原理,认为方程组在所有的惯性系里都成立,那么,就可以在所有的惯性系里推出电磁波的速度都等于光速 c,这样就可以说真空光速在所有的惯性系里都是不变的,这才是光速不变原理。

　　也就是说,单独的麦克斯韦方程组推不出光速不变原理,但是"麦克斯韦方程组＋相对性原理"就能推出光速不变原理。

　　所以,问题的核心还是:要不要坚持相对性原理?

麦克斯韦

　　而"真空光速在所有惯性系里都不变"这样一个结论对牛顿力学,对绝对时空观有多么"大逆不道",大家应该能感觉到吧。

　　它直接颠覆了我们熟知的速度合成法则。在地面观测火车上物体的运动速度,那肯定是要把火车的速度和物体的运动速度叠加起来考虑的,怎么可能在火车上观察这个物体是这个速度,在地面上观察还是这个速度呢?

　　举个例子,在速度 300 km/h 的高铁上,有一个列车员以 5 km/h 的速度朝车头走去。火车上的人觉得列车员的速度是 5 km/h,地面上的人自然觉得列车员的速度是(300＋5) km/h＝305 km/h。

　　这时候如果有个人跳出来说,不对,我在地面看到这个列车员的速度跟在火车上看到的一样,都是 5 km/h,那估计大家要送这人去精神病医院了。

　　但是,当我们把这个列车员换成了一束光,结论就变成这样了。火车和地面的人竟然都觉得这束光的速度是 c,你说这结果可怕不可怕?

　　而我们所做的,仅仅是假设麦克斯韦方程组满足相对性原理,然后光速就被吓得不敢变了!这种"大逆不道"的结论,牛顿和伽

速度的叠加

利略当然不能接受,这基本上是要掀他们的桌子了。

了解了这些以后,我们再来看看这个直击灵魂的问题:麦克斯韦方程组到底满不满足相对性原理?

15 | 结语

　　至此,狭义相对论诞生前夜的各种素材,我都已经准备好了。牛顿力学、麦克斯韦方程组、相对性原理、伽利略变换、绝对时空观之间的关系,我也基本上厘清了。

　　这里插一句,有的朋友可能还会有点疑问:别的书籍在讲狭义相对论之前,都要大讲特讲迈克尔逊-莫雷实验,然后从这个实验出发讲光速不变,怎么你这里一句都没提? 其实,你去翻一翻爱因斯坦的论文《论动体的电动力学》,里面一样一句没提迈克尔逊-莫雷实验。

ON THE ELECTRODYNAMICS OF MOVING BODIES

By A. EINSTEIN

June 30, 1905

It is known that Maxwell's electrodynamics—as usually understood at the present time—when applied to moving bodies, leads to asymmetries which do not appear to be inherent in the phenomena. Take, for example, the reciprocal electrodynamic action of a magnet and a conductor. The observable phenomenon here depends only on the relative motion of the conductor and the magnet, whereas the customary view draws a sharp distinction between the two cases in which either the one or the other of these bodies is in motion. For if the magnet is in motion and the conductor at rest, there arises in the neighbour-

《论动体的电动力学》

　　爱因斯坦是从电磁理论出发建立的狭义相对论,因为他的叔叔是电气工程师,他们家又开了一个电气工厂,所以爱因斯坦从小就对电磁学非常感兴趣。

至于光速不变，我们上面已经分析了。只要坚持麦克斯韦方程组和相对性原理，光速不变就是一个自然而然的结论，并不是非要有实验才敢这样想。也就是说，有没有迈克尔逊-莫雷实验，爱因斯坦都会往这方面去想，我们不必过分夸大这个实验的作用。

好了，言归正传，现在就是这样的局面，牌都在这里，你要怎么打？牛顿力学和麦克斯韦电磁学的核心冲突，牛顿和麦克斯韦这两位泰斗之间的战争，要怎么去化解呢？

我希望你能好好想一想，自己琢磨琢磨。谁都知道解决方案就是狭义相对论，但是只知道答案对你并没有太大的用处，我希望你自己能合乎逻辑地把正确答案推导出来。你也知道在试卷里只写一个答案但没有任何过程的后果吧？这其实是绝佳的锻炼机会。

以前的科学发展，大多是科学家在这个领域做了很多实验，总结了很多实验定律。最后再来个厉害人物对这些定律进行大综合，力学和电磁学的发展皆是如此。

但是，像狭义相对论这样，主要的发展动力来自两套在各自领域都工作良好，一结合就出矛盾的理论的情况是非常少见的。然而，我们现在又一次遇到了这种情况：广义相对论和量子力学在各自领域都工作良好，但是它们一结合就会出现无尽的灾难。

我们应该如何去协调广义相对论和量子力学呢？从这个角度来看，爱因斯坦成功协调牛顿力学和麦克斯韦电磁学的这次经验，是不是就更加显得弥足珍贵了呢？

我也很想知道，如果年轻的爱因斯坦面对现在的情况，他会如何看待广义相对论和量子力学之间的矛盾。科学家为了调和两者，提出的超弦理论、圈量子理论等有没有忽略什么关键性的东西？为什么引力没法量子化？我们对时空本性的认识，是不是又要发生一次大的变革？

这些问题有着无尽的吸引力，为了启发大家，也让我自己能尽早看到这些问题的答案，我现在竭尽全力给你们写科普。

因此，我不能只是简单地告诉你们答案，我得尽力把爱因斯坦的学习方式、思考方式、研究方式都写出来。让你们领会爱因斯坦的科学精神，然后让你们去思考这些大问题。

爱因斯坦

牛顿和麦克斯韦的战争就写到这里，后面我们将看到爱因斯坦是如何化解这个矛盾的，那又是一个超级精彩的故事。

当然，如果你能在这之前通过这些线索自己就把问题解决了，自己独立地提出狭义相对论，那就再好不过了，那我一定要给你发一朵小红花。

神探爱因斯坦，即将隆重登场。

第 2 篇

相对论诞生

在前面，我已经给大家描绘了相对论诞生前夜的物理图景：伽利略携相对性原理横空出世，跟牛顿力学配合得天衣无缝。

伽利略变换代表了绝对时空观，牛顿力学的所有定律又可以在伽利略变换下保持数学形式不变，也就是具有伽利略协变性。那是一个礼尚往来，没有战争的美好年代。

然而，麦克斯韦方程组的出现打破了这种平静。因为它不具有伽利略协变性，跟伽利略-牛顿组建的世界玩不到一起去。

那么，麦克斯韦方程组是否满足相对性原理呢？面对这个大难题，我们回答"是"不对，"不是"也不对，这可把物理学家们急坏了。

接下来就是大家熟悉的剧情了：世界一片混乱，一位携"主角光环"的少年横空出世，"挽狂澜于既倒，扶大厦之将倾"，最后世界又重归于和平，全剧终。

这里要出场的主人公，就是家喻户晓的爱因斯坦。他给出的解决方案，就是大名鼎鼎的狭义相对论。

爱因斯坦

那么,爱因斯坦究竟是如何平定牛顿和麦克斯韦的战争的?他又是如何回答"麦克斯韦方程组是否满足相对性原理"这个世纪难题的呢?

先不急着要答案,我们先来看看这个问题到底难在哪里。

16 | 电磁疑难

　　麦克斯韦提出麦克斯韦方程组以后，就预言光是一种电磁波，并算出了电磁波的速度。

　　然后，奇怪的事情就发生了：麦克斯韦在没有选定任何参考系的情况下，就直接从方程组推出了电磁波的速度等于光速 c。（具体细节可以参考《什么是麦克斯韦方程组》一书的电磁波篇）

　　如果你是第一次听这句话，你可能并不了解事情到底怪在哪儿，那我再解释一下。

　　大家都知道，我们在谈论速度时，一定要先指明参考系。"我"坐在高铁上没动，那是以火车为参考系；如果以地面为参考系，那"我"就是以 300 km/h 的速度在飞驰。

　　因此，单独谈论"我"的速度是没有任何意义的。一定要先指明参考系，是在地面还是火车上看，然后才能谈论"我"的速度。

　　同理，我们在谈论光的速度时，一样也要先指明参考系。

　　那么，从麦克斯韦方程组推出的电磁波速度到底是哪个参考系下的速度呢？

　　因为电磁波的速度是直接从麦克斯韦方程组推出来的，所以，只要麦克斯韦方程组在某个参考系里成立，我们就可以说电磁波在这个参考系里的速度是光速 c。

于是，上面的问题就有了一个等价的说法：麦克斯韦方程组到底在哪个参考系下成立？

如果麦克斯韦方程组在所有的惯性系下都成立（满足相对性原理），那我们就可以说电磁波在所有的惯性系下的速度都是光速 c。如果麦克斯韦方程组只在某些特殊的参考系下成立（不满足相对性原理），那么我们就只能说电磁波只在这些特殊的参考系下的速度是光速 c。

于是，我们又进一步把"麦克斯韦方程组到底在哪个参考系下成立"变成了"麦克斯韦方程组是否满足相对性原理"。

这个逻辑大家一定要梳理清楚，不然下面就没法继续了。

不过，认为麦克斯韦方程组满足相对性原理，也就是认为"电磁波在所有惯性系下的速度都是光速 c"，这种看法太过离经叛道，也完全违反我们的直觉。

你想想，在所有参考系里速度都一样是个什么概念？

还是前面那个在速度为 300 km/h 的高铁上以 5 km/h 的速度走向车头的列车员，火车上的人觉得他的速度是 5 km/h，地面上的人都觉得是 305 km/h。他们当然会觉得列车员的速度不一样，而且正好与火车的速度相差 300 km/h。

同样地，如果把列车员换成一束光，我们可能也会觉得火车上和地面上观察到的光速不一样，并且认为它们之间也相差了 300 km/h。也就是说，从常识来看，我们并不认为电磁波在所有惯性系里都是光速 c。这等于是在说：我们并不认为麦克斯韦方程组在所有的惯性系下都成立，即麦克斯韦方程组不满足相对性原理。

这样的话，电磁波或者说光就应该只在一个参考系里的速度是 c，在其他参考系里的速度就是 c 加上它们的相对速度。

那么，光在哪个参考系里的速度是 c 呢？火车系，地球系，还是太阳系？都没道理！

答案我们也知道：以太系。

也就是说，我们认为光只有在以太系里的速度才是 c。只有在以太系里才可以用麦克斯韦方程组推出电磁波的速度等于光速 c，在其他参考系里麦克斯韦方程组是不成立的。

那么，以太是什么？为什么我们要选择以太系呢？

17 | 以太

时间倒回到 200 年前。

19 世纪初,在托马斯·杨和菲涅尔等人的努力下,光的波动说逐渐被人们接受。随之而来的一个问题就是:既然光是一种波,那光传播的介质是什么?

水波是一种波,它的介质是水;声波也是一种波,它在空气中传播时,介质就是空气。这些波之所以能传到远处,就是因为相邻介质点之间有力的作用,大家一个"推"一个,把波传了出去。

既然光也是一种波,我们自然会觉得光波也应该和水波、声波一样,是依靠相邻介质点的相互作用传播到远处的。

那么,光的介质是什么呢?光可以穿过遥远的星空来到地球,那么这种介质也应该遍布宇宙。我们给它取个名字,就叫以太。

以太似乎看不见摸不着,就像空气一样。但是,大家都知道,如果我们相对空气运动,就能感觉到风。同理,如果我们相对以太运动,按理说也能感受到"以太风",这就是很多实验寻找以太的思路。

如果光的介质是遍布宇宙的以太,我们自然就会觉得光的速度是相对以太而言的,就像水波的速度是相对水面那样。这样导致的直接后果就是:我们必须假定麦克斯韦方程组只有在以太系中才成立。因为只有这样，我们才能只在以太系里推出光的速度是 c，才能说光的速度是相对以太而言的，才跟上面所述不矛盾。

从这里大家也能感觉到：当我们在谈论光和以太的时候，我们其实是把牛顿力学的那一套搬了过来。我们希望用以太的力学性质来解释光波，就像我们用空气和水的振动来解释声波和水波那样。

牛顿力学大获成功以后，不仅牛顿被推上神坛，力学也同样获得了至高无上的地位。于是，科学家们开始形成这样的一种观念：力学是成功的、完美的、至高无上的，其他领域的东西只有最终在力学这里得到了解释，才能算是科学。我们要利用力学的世界观和方法论去解决其他领域的各种东西。

这种观念，我们称之为力学的自然观，或者机械的自然观（在英文里，力学的和机械的是同义词，都是 mechanical）。

在力学自然观的大背景下，大家试图用以太这种力学模型来解释光、电磁波就是非常自然，而且非常合理的一件事了。

只是大家后来发现这样做有许多困难，才逐渐放弃用力学去解释电磁学，转而认为电磁理论也是跟力学一样基本的东西。

也有走得更极端的，他们试图反过来用电磁理论去解释力学，也就是把电磁理论看成更基本的东西。这种观念叫电磁自然观，此乃后话。

总之，相信大家了解了这些以后，就不会对以太的出现感到突兀了，甚至会觉得非常自然。因为无论是从波动说，还是从力学自然观的角度，认为光的传播需要一种介质都是理所当然的事情。而以太，只不过是它的名字而已。

有了"光是借助以太这种介质来传播"的观念以后，我们就可以根据光的传播情况来反推以太的一些性质。

比如，光能从遥远的星系穿过太空来到地球，那太空中就应该充满以太；光在以太中衰减很少，天体可以毫无阻力地穿过它，那以太就应该非常稀薄；光是横波，那这肯定又对以太有某种限制……

当然，只有这些肯定是不够的，于是人们就设计了各种与以太相关的实验（绝非只有迈克尔逊-莫雷实验一个），以求进一步了解以太。爱因斯坦在大学期间也设计了相关实验，不过因为没有得到学校的支持而作罢。

因为我们的主题是狭义相对论的诞生，我不可能把所有的以太实验都列出来，这里只介绍几个跟爱因斯坦创立狭义相对论关系比较大的实验。

18 | 光行差实验

第一个重要的实验叫光行差。

光行差的原理很简单，大家在下雨的时候都有这样的经验：如果我站在雨地里不动，就会感觉雨滴是从头顶正上方落下来的（无风条件下）；如果往前跑，就会感觉雨滴是从前方倾斜地落到身上的，这其实就是一种"雨行差"。

而且，不难想象，跑得越快，就会觉得雨滴倾斜得越厉害。当雨速一定时，奔跑的速度和雨滴的倾斜角之间，肯定有某种关系。

类似地，遥远的星光（可近似看作平行光）到达地球时，如果地球不动,只要把望远镜对着星星的方向就能看到这颗星星了。

但是,如果地球在运动(以大约 30 km/s 的速度围绕着太阳公转),跟雨中奔跑时觉得雨滴倾斜了类似,我们也会觉得恒星发出的光线也倾斜了一定角度,这就是光行差。

为了寻找光行差,英国天文学家布拉德雷从 1725 年到 1726 年进行了持续的观测,发现地球的公转会产生大约 $20.5''$($1°=60'=3600''$)的倾斜角。然后,通过简单的三角计算,布拉德雷就得出光速大约是 $3.0×10^5$ km/s,这是早期比较准确的光速值了。

具体的实验和计算细节我这里就不说了,但是下面三件事情,大家一定要清楚。

第一,根据波动说,光在以太中传播。我们能观测到光行差,就说明地球和以太之间一定有相对运动。

为什么呢? 你想啊,正是因为地球和以太之间存在相对运动,才能感受到来自前方的以太风。布拉德雷之所以能观测到光行差的倾斜角,就是这种以太风把光线“吹弯了”。如果地球和以太相对静止,没有以太风,那头顶正上方的光线就会像无风时的雨滴一样垂直下落,这样肯定就看不到光行差了。

第二,不难想象(通过简单的三角关系),光行差的这个倾斜角是跟地球速度 v 和光速 c 的比值 v/c 直接相关的。也就是说,这个实验只能精确到 v/c 一阶量级(只出现 v 和 c 的一次方)。

第三,因为光行差实验只能精确到 v/c 一阶,所以,我们虽然能猜测地球和以太之间有相对运动,但并不能精确地测出这个速度到底是多少,具体原因我们后面会谈。

好,知道光行差要求地球和以太之间有相对运动,并且它只精确到 v/c 一阶,无法测出这个相对运动的具体速度,第一个实验就可以翻篇了。

19 | 阿拉果的实验

光行差是个纯粹的天文观测，它只涉及以太在真空（空气）中的情况，信息量有限。法国天文学家阿拉果加了一块玻璃，希望利用光在不同介质中的折射来获取更多的信息。

阿拉果这个实验的原理有点绕，大家要仔细梳理一下（梳理不清关系也不大，知道最后的结论就行了）。

你想啊，如果地面上有一块玻璃，那以太自然也会从玻璃中流过。那么，如果有一束光从空气射入玻璃，你觉得会发生什么？

光在以太中运动，以太在玻璃中流动，那么，光在玻璃中的速度就应该是这两个速度的叠加。而速度又是一个矢量，不仅有大小，还有方向，所以光在玻璃中的速度还跟这两个速度的夹角有关。

这就好比往河里扔一个皮球，如果顺着河水扔，皮球的速度是最大的；垂直河水扔，皮球的速度会稍微小一点；逆着河水扔，皮球的速度就是最小的。

很明显，即便我扔皮球的速度大小一样，但只要方向不同，最终皮球的速度还是会不一样。同理，光从不同方向射入流着以太的玻璃，最后的速度也应该不一样。

于是，阿拉果就转动望远镜，让光线从不同角度进入玻璃。试图通过改变光在玻璃中的速度,进而改变光在玻璃中的折射率,然后通过折射定律观察到这种变化。

考虑到有些中小学生还不知道折射率和折射定律,我这里非常简单地说一下。

光从一种介质进入另一种介质时会发生折射。如图 19-1 所示,小鱼身上的光线其实是走折线进入我们的眼睛的,你顺着视线的方向是抓不到鱼的,这就是一个典型的折射现象。水杯中的筷子好像折断了,也是因为光从水进入空气时发生了折射。

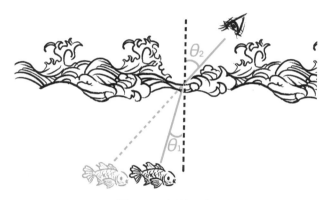

图 19-1　折射现象

折射的程度跟这两种介质的折射率有关,而介质的折射率,就是光在真空中的速度与介质中速度的比值。

比如,水的折射率是 1.33,就是说光在真空中的速度是水中速度的 1.33 倍。一般我们认为光在空气中的速度就等于真空中的光速,也就是近似认为空气的折射率等于 1。

光线发生折射时,它的入射角 θ_1 和折射角 θ_2 的正弦值与这两种介质的折射率 n_1、n_2 之间有一个简单的比例关系,这就是大名鼎鼎的折射定律:$n_1 \sin\theta_1 = n_2 \sin\theta_2$(图 19-2)。

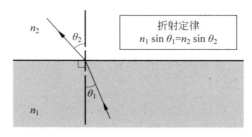

图 19-2 折射定律

阿拉果以为当光线从不同方向射入玻璃时,光在玻璃中的速度和折射率都会发生变化,那么入射角和折射角之间的关系也会发生改变,而这是可以直接观察到的。

但实验结果却让阿拉果大为迷惑,因为他发现无论光从哪个方向进来,他都观察不到玻璃的折射率有任何变化。也就是说,我们改变入射光的方向时,光在玻璃中的速度好像并没有改变,这跟想象的不一样啊!

为什么?阿拉果百思不得其解,于是,他选择求助"场外观众"。他于 1818 年给波动说的权威菲涅尔写了封信。

20 | 部分曳引假说

　　菲涅尔收到阿拉果的来信之后，很快就想到了一种解释。

　　菲涅尔想，不同方向的光线进入玻璃后的速度应该是不一样的，既然我们现在观测不到这种不一样，那就肯定是某种机制把它抵消了。

菲涅尔

　　于是，菲涅尔提出了一种假说。他说，为什么我们观测不到这种不一样呢？是因为玻璃在以太中运动的时候，它无法做到"以太丛中过,片叶不沾身"。它要拖着部分以太跟它一起运动,然后被拖曳的这部分以太刚好就跟上面那个效应抵消了,于是我们就观测不到任何不一样了。

那么,玻璃能拖动多少以太呢?菲涅尔说这个比例跟介质的折射率有关。折射率越大,拖曳的以太就越多;折射率越小,拖曳的以太就越少,具体的曳引系数是 $1-1/n^2$(n 是介质的折射率)。

这就是菲涅尔的部分曳引假说,似乎很有道理。

利用部分曳引假说,菲涅尔很好地解释了阿拉果的实验。又因为地面的空气并不会拖曳以太(折射率约为 1,曳引系数约等于 0),地球本身又是极为多孔的物质,以太可以畅通无阻地流过,所以,地球和以太之间还是有相对运动的,这跟光行差也不矛盾,完美!

不过,菲涅尔的部分曳引假说一开始并未受到人们的重视。

1851 年,斐索做了一个著名的流水实验,实验结果跟部分曳引假说的预言极为接近。于是,人们对菲涅尔的假说信心大增。

21 | 斐索流水实验

斐索流水实验的原理非常简单,菲涅尔不是说透明介质会部分拖曳以太吗? 那么,让一束光顺着水流的方向走,另一束光逆着水流的方向走,它们走完水管的时间就应该不一样(图 21-1)。

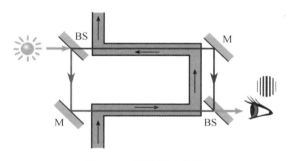

图 21-1　斐索流水实验

当然,光速这么快,想直接测量顺水和逆水的时间差是不可能的,斐索就巧妙地利用了光的干涉。

因为光是一种波,把两束一样的光叠加在一起,那肯定是波峰与波峰叠加,波谷与波谷叠加。现在它们经过水管的时间不一样,再次相遇时波峰和波谷肯定就对不上了,这样它们的干涉图案就会发生变化。

具体细节我就不说了,大家只要知道实验结果跟菲涅尔理论计算的结果极为接近就行了。如果大家感兴趣，可以看看拓展阅读 01 中的"斐索流水实验""以太理论与相对论"。

　　总之，斐索流水实验在很高的精度内证明了部分曳引假说的有效性。后来，霍克又用更严密的实验做了进一步验证。一时间，菲涅尔的理论风头无二。

22 | 一阶光学实验

　　菲涅尔还从部分曳引假说证明了一个更强的结论：像光行差和阿拉果这种只精确到 v/c 一阶的实验，无论怎么做，光学现象都不会受到地球相对以太运动的影响。

　　什么意思？

　　我们知道，菲涅尔提出部分曳引假说，就是为了解释阿拉果的实验。阿拉果认为如果地球相对以太有运动，我们就可以通过改变入射光的方向改变光在玻璃中的速度，进而改变玻璃的折射率。

　　但是我们没有发现折射率有任何变化，这意味着这个实验没能观测到地球相对以太的运动。为什么观测不到？有两种解释：第一，它们之间真的没有相对运动；第二，它们之间有相对运动，但是因为某种原因我们观测不到。

　　菲涅尔选的是第二种。

　　在部分曳引假说里，以太是静止的，地球相对以太肯定有运动，这样才能解释光行差。

　　在阿拉果的实验里，因为以太被玻璃部分拖曳，这个效果刚好和地球相对以太运动的效应抵消，所以我们就观测不到折射率的变化了。

　　这就好比在跑步机上跑步，你觉得自己在往前跑，但别人觉得你没动。你向前奔跑的速度刚好和跑步机拖曳的速度抵消了,所以别人就观测不到这种相对运动带来的变化了。

然后,菲涅尔进一步说,不仅阿拉果的实验观测不到地球相对以太的运动,任何 v/c 一阶实验(实验结果只跟地球速度 v 与光速 c 的比值 v/c 相关)都观测不到地球相对以太的运动,这是部分曳引假说的一个必然结果。

那么,菲涅尔的预言到底对不对呢?随着时间的推移,大家对这件事情的关注度也越来越高。

1873 年,巴黎科学院举办了一场名为"光源和观察者的运动对光的传播方式和性质所产生的变化"的大奖赛,最后马斯卡特赢得了大奖。马斯卡特做了各种各样的一阶光学实验(比如光的反射、折射、衍射等),也重做了一些之前的实验。结果是,他没有观察到地球相对以太的运动给这些实验带来了任何影响。

总之,最起码到了 19 世纪 70 年代,人们已经达成了一项共识:精确到 v/c 一阶的光学实验不会受到地球相对以太运动的影响。

爱因斯坦在狭义相对论论文的第二段也专门提到了这个事,大家一定要注意"一阶"这个定语。

23 | 一阶相对性原理

好，到这里，光行差实验、阿拉果实验、斐索流水实验这 3 个跟以太相关的一阶实验就讲完了。为什么要挑这 3 个实验呢？

因为爱因斯坦在 1950 年与香克兰教授谈话时说，对他影响最大的实验就是光行差实验和斐索流水实验，并且强调"它们已经足够了"。

我这里加一个阿拉果实验，主要就是为了自然地引出菲涅尔的部分曳引假说。

那么，从这几个早期的以太实验里我们能知道些什么呢？爱因斯坦又知道了什么？为什么他说"这些就够了"？

爱因斯坦

从上面的分析，以及我的多次强调，相信大家已经知道这几个实验都是一阶光学实验，并且菲涅尔的理论能很好地解释它们。还有，不管是从部分曳引假说还是从实验出发，精确到 v/c 一阶的光学实验都不会受到地球相对以太运动的影响，知道这些就够了。

大家再来想一想："一阶光学实验不会受到地球相对以太运动的影响"是什么意思？这句话你再多看几遍，仔细琢磨琢磨。

"不会受到地球相对以太运动的影响"就是说地球相对以太静止也好，运动也罢，一阶光学实验该怎么做还是怎么做。不论处在与以太相对静止的参考系，还是处在相对以太匀速运动的参考系，一阶光学实验都完全感知不到，无法区分。

这就是说，我们无法通过一阶光学实验区分一个参考系是相对以太静止，还是相对以太做匀速直线运动。换成了这种句式，相信大家立即就能明白是什么意思了。

对，它意味着：一阶光学实验满足相对性原理！

绕了一大圈，我们终于又绕回到问题的核心，也就是电磁现象是否满足相对性原理来了。而这些实验则明确地告诉爱因斯坦：最起码在 v/c 一阶精度下，电磁现象是满足相对性原理的，这个我们可以打包票。至于在 v^2/c^2 二阶甚至更高阶的精度下，电磁现象是否还满足相对性原理，这个现在不敢说。

而爱因斯坦说光行差实验和斐索流水实验就够了，意思就是这些以太实验给予一阶精度的支持就足够了，就已经圆满完成了本次任务。我还有另外三路大军，原本也没指望只依靠这一路。

前面也讲了，爱因斯坦主要是从协调牛顿力学和麦克斯韦电磁理论的角度来创立狭义相对论的。而它们的核心矛盾就出在相对性原理上：牛顿力学配合伽利略变换，非常完美地满足了相对性原理；麦克斯韦电磁理论不具有伽利略协变性，那它还满足相对性原理吗？

麦克斯韦和麦克斯韦方程组

　　大家要记住这才是我们的核心问题，所有内容都是围着它转的。所以，我们从以太实验又绕回到了相对性原理这里，这是非常自然而且必须的。

24 | 迈克尔逊-莫雷实验

　　爱因斯坦还有其他三路大军,他觉得以太实验给予一阶精度的支持就足够了。但其他物理学家没这么强的实力啊,很多人别说另外三路大军,另外一路都没有。

　　因此,对他们来说,一阶精度上的支持是远远不够的。那怎么办呢? 一阶精度不够,那就去做二阶精度的实验呗,反正闲着也是闲着,催一催实验物理学家也不碍事。

　　但是二阶实验难做啊! 你想想为什么大家做了这么多一阶光学实验,却没有人去做二阶光学实验。你以为是实验物理学家不想做吗? 主要还是太难了。

　　为什么难我给你分析一下。

　　要精确到 v^2/c^2 二阶,地球公转速度 v(30 km/s)大约是光速 c(3.0×10^5 km/s)的万分之一,再平方一下,v^2/c^2 就是亿分之一。也就是说,如果你想做一个精确到 v^2/c^2 二阶的光学实验,你的实验精度得高达亿分之一才行。

　　这在当时非常困难。麦克斯韦在 1879 年 3 月 19 日(此时爱因斯坦已出生 5 天)给美国航海历书局的托德写信时都还认为这个精度的效应在地面上是无法被探测到的。

　　然而,天才实验物理学家迈克尔逊认为麦克斯韦低估了地面实验所能达到的精度。于是，他在 1881 年做了一次实验，在 1887 年又跟莫雷做了一次说服力更强的实验，这就是大名鼎鼎的迈克尔逊-莫雷实验。

然后，迈克尔逊就捧走了 1907 年的诺贝尔物理学奖，这也是美国人第一次获得诺贝尔物理学奖。

迈克尔逊

有些人可能有疑问：你不是说爱因斯坦有光行差实验和斐索流水实验就够了吗，那为什么还要讲迈克尔逊-莫雷实验？

这个原因嘛，虽说爱因斯坦有那些一阶光学实验就够了，迈克尔逊-莫雷实验对他创立狭义相对论并没有什么直接的影响，但是，这个实验对其他物理学家影响非常大啊，比如洛伦兹。

洛伦兹为了给迈克尔逊-莫雷实验一个合理的解释，苦思冥想，埋头苦干，最终在 1895 年（注意这个时间）发表了一篇长达 137 页名为《关于动体电现象和光现象的理论研究》的专题论文。他在这篇论文里引入了长度收缩假设、地方时的概念,证明了对应态定理,从而解释了迈克尔逊-莫雷实验。而洛伦兹对电动力学的研究,特别是 1895 年的这篇论文,对爱因斯坦创立狭义相对论有很大的影响。

所以说,迈克尔逊-莫雷实验虽然对爱因斯坦没有什么直接的影响,但却有间接的影响。

爱因斯坦

因此,我们想要搞明白洛伦兹是如何影响爱因斯坦的,就得先弄清楚迈克尔逊-莫雷实验是怎么回事。而且,许多人对这个实验,对它与狭义相对论的关系都存在非常大的误解,这里澄清一下也好。

另外,我前面说了那么多一阶光学实验,难道你们就不想看看二阶光学实验是什么样的?迈克尔逊-莫雷实验就是一个设计得极为巧妙的二阶光学实验。

25 | 为什么是二阶？

这里我稍微解释一下为什么迈克尔逊-莫雷实验是二阶的。

部分曳引假说认为以太可以被透明介质部分拖曳，在真空这种没有介质的地方就应该是静止的。那么，地球在静止以太中穿梭，我们要如何测量这个速度呢？

想法很简单：如果地球在以太中穿梭，我们就应该能感觉到以太风。往有风的地方发射一束光，没风的方向发射一束光，对比一下就能知道风速了，也就是地球相对以太的运动速度。

假设以太相对地球以速度 v 向右运动，向右发射一束光，光速就是 $c+v$；反射回来向左运动时，速度就变成了 $c-v$。与此同时，如果在没有以太风的地方发射一束光，它的速度就一直都是 c。

整个过程就像在河里做往返划船比赛：一组先顺流而下，再逆流而上；另一组在平静的河面上往返，看哪一组更快。这里河水就像是以太，在水面运动的船就好比在以太中运动的光。

我们假设单程距离为 l，那么光顺着以太运动的时间为 $l/c+v$，逆着以太运动的时间为 $l/c-v$，总时间 $t=(l/c+v)+(l/c-v)$。

在没有以太风的地方，光往返的速度都是 c，总距离为 $2l$，所以总时间 $t'=2l/c$。

这两种情况的时间差我们记为 $\Delta t=t-t'$，它占整个传播时间的比值就可以这样算：

$$\frac{\Delta t}{t'} = \left[\left(\frac{l}{c+v} + \frac{l}{c-v}\right) - \frac{2l}{c}\right] \cdot \left(\frac{2l}{c}\right)^{-1}$$

$$= \frac{v^2}{c^2 - v^2}$$

$$\approx \frac{v^2}{c^2}$$

可以看到，当地球的公转速度 v 远小于光速 c 时，这个比值就近似等于 v^2/c^2。所以，这是一个不折不扣的 v^2/c^2 二阶光学实验。

这个思路非常简单，难就难在如何探测这么微小的差别，迈克尔逊的高明之处在于发明了一种精度如此之高的干涉仪。

迈克尔逊-莫雷实验的原理跟它基本相同（图 25-1），唯一的区别就是我们找不到没有以太风的地方。所以，迈克尔逊和莫雷让一束光与以太风平行，另一束跟它垂直，垂直的这束光要考虑与以太风速度的叠加。

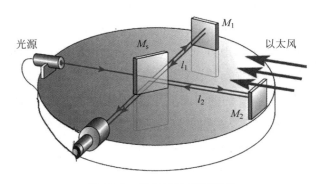

图 25-1　迈克尔逊-莫雷实验

他们这样做了一次，把仪器旋转 90° 之后又做了一次。按理来说，旋转之后平行和垂直互换，光线运动的时间也会改变，这样产生的干涉条纹肯定也跟原来的不一样。

但实验结果又让人大跌眼镜：旋转 90°以后，干涉条纹没有发生任何变化。就像压根没有以太风，平行和垂直没有任何区别似的。

也就是说，我们认为光在平行和垂直以太风方向上的运动时间应该不一样，而且算出了这个时间差大约占总时间的亿分之一。但是，迈克尔逊-莫雷实验告诉你：没有的事，不管光朝哪个方向照，它们的传播时间好像都一样。根本就没有什么以太风，顺风、逆风、垂直风都是没边的事！

科学家们一下子全都不知所措了。

26 | 实验的结论

在这里，我希望大家忘掉一切关于迈克尔逊-莫雷实验和以太的先入为主的观念，忘掉你在书里、文章里或在其他任何渠道看到的结论。假设我们就站在这个历史节点，面对这样一个实验结果，你觉得我们可以作出哪些合理的判断？

首先，我们能从这个实验结果得出"以太不存在"这么大的一个结论吗？不能！因为完全没道理啊！

你想，我们现在是在验证部分曳引假说在真空中的情况。菲涅尔认为以太在真空中是静止的，所以，我们在静止以太中穿梭时会感觉到以太风，然后才有顺以太、逆以太、静止以太在运动时间上的不同。

其次，迈克尔逊-莫雷实验告诉我们这两个时间是一样的，我们可以据此说以太风不存在。但是，以太风不存在和以太不存在绝对是两码事啊！

我们都知道风就是空气的流动。那么，你会根据一个地方没有风就说这里的空气不存在吗？自己都觉得很荒谬是不是？高铁在铁轨上飞奔，但车厢里并没有风，我们能因此就说高铁车厢里没有空气吗？同理，为什么我们要根据迈克尔逊-莫雷实验的零结果就判断以太不存在呢？

我们做任何判断都要合乎逻辑,不能因为后来狭义相对论不需要以太,你就直接偷懒说迈克尔逊-莫雷实验"证明了"以太不存在。否则,科学的严谨和严密何存?

那么,根据迈克尔逊-莫雷实验的零结果,我们最容易、最自然想到的结论是什么呢?

我不知道你是怎么想的,反正我觉得这就像高铁车厢里感觉不到风一样。我们在地面观测不到以太风,最合理的猜测就是地球会拖着附近的以太跟着它一起运动,就像黏性流体那样。这样,地球和地面附近的以太就会保持相对静止,所以就观测不到以太风了。这就是流体力学前辈斯托克斯的完全曳引假说。

在当时,以太的感知是极强的,认为光的传播需要一种介质的想法合情合理,各种实验也能用基于以太的部分曳引假说得到很好的解释。在这种环境下,你觉得物理学家们会因为观测不到以太风就直接把以太这个根基给丢了吗? 那也太草率了吧!

爱因斯坦确实抛弃了以太,但绝不是因为这个实验。

迈克尔逊和莫雷做了这个实验以后,也只是转向了斯托克斯的完全曳引假说。也就是说,他们也认为没观测到以太风,是因为地球完全拖曳了以太,导致它们相对静止,而不是说以太不存在。

当然,完全曳引假说后来又被其他实验否决了,那是后话,我们这里不细谈。

迈克尔逊-莫雷实验让物理学家们大为震惊。本来,菲涅尔的部分曳引假说跟许多一阶实验都符合得非常好,人们也慢慢倾向于认为以太在透明介质中会被部分拖曳,在真空中应该是完全静止的,这样地球跟以太之间就应该有相对运动。

现在迈克尔逊-莫雷实验说没有相对运动,地球和附近的以太应该是相对静止的,这就直接跟部分曳引假说发生了冲突。

完全曳引假说虽然能解释这个实验,但跟其他实验又发生了冲突,怎么办?

当然,在物理学里,危机就是转机。物理学家们从来不惧怕问题,相反,如果所有的问题都被解决了,那他们就要失业了。

针对迈克尔逊-莫雷实验这个匪夷所思的结果,物理学家们进行了大量的思考,其中做得最好的是洛伦兹。

27 | 洛伦兹和电子论

　　提到洛伦兹,很多人首先想起的就是高中学的洛伦兹力,也就是运动电荷在磁场中受到的力。这是一个非常基本的概念,所以,可以猜测洛伦兹在电动力学里应该非常重要,虽然这很容易被忽视。

　　提到经典电动力学,很多人的脑袋里只有麦克斯韦。但是你想啊,麦克斯韦方程组使用的都是诸如电通量、磁通量、散度、旋度这样的概念,而我们高中学习电磁学用的都是电子移动产生电流,电子在电场中受到电场力,运动电子在磁场中受到洛伦兹力等这样的概念。

　　那么,用电子这种微观粒子来解释电磁现象是谁最先提出来的呢? 当然,话都说到这里了,你们十有八九会猜到是洛伦兹提出来的。没错,就是他! 也就是说,洛伦兹对麦克斯韦的电磁理论做了一种微观上的解释。他认为电是由微小粒子组成的,电磁世界的各种现象都跟这种微小粒子的运动有关。这种微小粒子就是我们后来说的电子,洛伦兹的这套理论就叫电子论。

　　电子论是电动力学的一次重大进步,洛伦兹也因此获得了第二届(1902 年)诺贝尔物理学奖,虽然大家都只记得伦琴因为 X 射线获得了第一届诺贝尔物理学奖。

1953 年，爱因斯坦在洛伦兹的百年诞辰时说道："我们这个时代的物理学家，多半没有充分了解到洛伦兹在理论物理基本概念的发展中起到的决定性作用。造成这种怪事的原因，是洛伦兹的基本观念已经深深地变成了他们自己的观念，以至于他们简直无法体会到这些观念是多么大胆，以及它们使物理学的基础简化到什么程度。"

既然洛伦兹如此钟爱电子论，那他自然也希望能从电子论的角度给这些以太实验一个合理的解释，而他确实也做到了。

他从电磁理论导出了菲涅尔的部分曳引系数（这就意味着可以解释那些一阶光学实验），经过长时间的思考，他又想出了一个可以解释迈克尔逊-莫雷实验的办法。这些内容最终汇集在 1895 年这篇名为《关于动体电现象和光现象的理论研究》长达 137 页的专题论文上，而爱因斯坦对这篇论文非常熟悉。

更加重要的是：洛伦兹的这套理论不仅在以太系中成立，在相对以太做匀速直线运动的参考系中也成立，虽然只是针对 v/c 一阶情况。

当然，在洛伦兹眼里，他只是用了一些数学技巧把运动参考系的现象转化到绝对静止的以太参考系里来处理。但在爱因斯坦眼里，这完全就是电磁理论在 v/c 一阶情况下满足相对性原理的绝佳证明啊。

洛伦兹原本计划按照菲涅尔的思路来，假定以太会以菲涅尔曳引系数被物体拖动。但后来他发现没这个必要，利用极化，在静止以太下就可以解释观测到的现象。而且，洛伦兹还把以太和有质量的物质做了严格的区分，并拒绝对以太的力学性质再做任何假设。

这就有意思了，你们看看集万千宠爱于一身的以太，到洛伦兹这里变成什么了：它是完全静止的，没有任何力学性质，还跟其他有质量的物质不一样，以太在这里完完全全变成了一堵什么也不干的纯背景墙。

爱因斯坦后来诙谐地说："洛伦兹留给以太的唯一力学性质就是不动性。狭义相对论带给以太概念的全部变革，就是取消了以太最后的这个力学性质，即不动性。"

大家可以看到，以前人们认为以太之于光波，大致就类似水之于水波，空气之于声波，都认为是相邻介质点之间的力学作用形成了波。

但是，洛伦兹从电子论出发，把以太的力学性质都给剥夺了，让以太变成了一堵纯背景墙，这种变化是非常大的。

28 | 长度收缩假说

那么,洛伦兹又是如何利用这套理论解释迈克尔逊-莫雷实验的呢?

洛伦兹的思路跟菲涅尔类似,也是一种补偿法。如何补偿?

按理说,光先顺着以太风再逆着以太风运动,比来回都没有以太风应该稍微慢一些。既然慢了一些,那我们就应该能把这个时间测出来,但是迈克尔逊-莫雷实验说根本测不出这个时间,怎么回事?

那洛伦兹就说,既然在沿着以太风的方向上,光的总速度变小了,而时间又没变,那就只能是运动的总距离减小了,这样才能对上号嘛。

就像两个人赛跑,一个跑得快一个跑得慢,但他们却同时到达了终点。这就说明他们跑的距离不一样,速度快的多跑了一些,速度慢的少跑了一些,如此才能同时到达。

现在这两束光也是,它们运动的时间一样,但是沿着以太风方向的光的速度要慢一些,那就只能认为这个方向上的光运动的距离要小一些。具体到迈克尔逊-莫雷实验,就是沿着以太风方向的干涉仪的长度会变短,这就是洛伦兹的长度收缩假说。

洛伦兹认为这并非不可能,只要我们认为仪器分子间的作用

洛伦兹

力会受以太影响,那么以太运动时,分子间的距离是有可能缩短的。利用长度收缩假说,洛伦兹解释了迈克尔逊-莫雷实验。

同时,我们也要清楚:洛伦兹认为长度收缩是一种动力学性质,他认为物体分子间的距离是真真实实地发生了收缩;而狭义相对论里的尺缩效应则是一种纯粹的运动学效应,并没有什么力把物体压缩了。

此外,洛伦兹还引入了一个叫地方时(local time)的概念,证明了对应态定理(后面再细说),从而让他的理论在 v/c 一阶下是满足相对性原理的。虽然他自己从未提过相对性原理,而只是把这些当作一种数学技巧,也不认为地方时在物理上有任何意义,但这对爱因斯坦的启发是非常大的。

光行差实验、斐索流水实验等只是从实验上让人觉得电磁现象在 v/c 一阶上是应该满足相对性原理的,而洛伦兹在 1895 年的论文则让人直接看到了一个在 v/c 一阶满足相对性原理的电磁理论,这给人的感觉和信心是完全不一样的。

我之所以反复强调 1895 年这个时间点,是因为这是爱因斯坦在发表狭义相对论论文(1905 年)之前所知道的洛伦兹的最新工作,而洛伦兹在 1895 年之后的工作爱因斯坦通通不知道,包括 1904 年大名鼎鼎的洛伦兹变换。

当时并没有互联网,信息传递不发达,爱因斯坦仅仅是一个远离学术中心的瑞士专利局小职员,而洛伦兹又在荷兰,所以这些都是很正常的。

但是,爱因斯坦毕竟是爱因斯坦,虽然洛伦兹的理论对他启发很大,但他也只是批判性地接受。比如他就非常反对洛伦兹理论里的以太,即便以太在这里只是一堵可怜兮兮的纯背景墙,爱因斯坦还是毫不犹豫地把背景连墙都给扔了。

在这里,我们看到了洛伦兹和爱因斯坦的核心分歧:洛伦兹的内心深处是需要这样一个绝对的以太的,只有以太系的时间才是真正的绝对时间,这样整个框架就还是牛顿式的。而洛伦兹也看到了在牛顿力学框架内解决这些问题的希望。

所以,爱因斯坦提出了狭义相对论之后,洛伦兹一方面对爱因斯坦的工作大加赞赏,另一方面却依然坚持自己的以太,这是很多人难以理解的。

在狭义相对论之前坚持以太就算了,怎么狭义相对论都出来了,你还坚持以太?

在洛伦兹看来,像爱因斯坦那样抛弃以太,或者像自己这样坚持几乎已经没有任何力学性质的以太,通过一些数学手段把其他参考系的问题转化到以太系来处理,只是个人喜好问题。

因为从来就没有人规定描述一种物理现象只能有一种理论,

我们可以从不同的角度得到不同的理论。至于如何从中选择,除了一些公认的标准外,个人的喜好确实也是一种重要的因素。

洛伦兹放不下牛顿的绝对时空观,爱因斯坦则坚信不存在绝对空间和绝对运动。这让两人采用了完全不同的研究纲领,因而得到了不同的理论。

"不存在绝对运动"是一种根植于爱因斯坦灵魂深处的信念,所以他拒绝接受洛伦兹这种绝对静止的以太。这是爱因斯坦和其他物理学家最大的不同,也是理解爱因斯坦创立狭义相对论的关键。

那么,我们不禁要问:为什么爱因斯坦会如此坚信"不存在绝对运动"呢? 如果这件事情这么重要,为什么其他物理学家不这样想呢?

29 | 牛顿与水桶实验

　　要理解这个事，我们需要先理解为什么之前大家基本上都认为存在绝对运动。这个问题倒是很好回答：因为"祖师爷"牛顿就是这么想的。

　　牛顿的地位和影响力，就不用我多说了。他在出版了《原理》之后，基本上就是物理学家心中的神了。既然是神，那么自然就是神说什么，大家就跟着说什么，而牛顿认为存在绝对空间、绝对运动。

　　牛顿在《原理》中写道："绝对空间，其自身特性与一切外在事物无关，处处均匀，永不移动。"物体从绝对空间的一处移动到另一处，就是所谓的绝对运动。

　　"我"坐在家里没动，那是相对地面没动，由于地球要围绕着太阳公转，所以"我"相对太阳是运动的。同样，即便"我"相对太阳静止，"我"相对银河系仍然是运动的。

　　这个逻辑似乎可以无限重复下去，我们似乎永远没有办法说自己是绝对静止的。但牛顿说有办法：你只要相对绝对空间静止，你就是绝对的静止；相对绝对空间存在运动，就是绝对的运动。

　　绝对空间和绝对运动（类似的还有绝对时间）在牛顿的力学体系里非常重要，缺少它们，很多东西就无法自洽，牛顿就无法自圆其说。因为非常重要,所以牛顿还精心设计了一个实验来"证明"绝对空间和绝对运动的存在,这就是大名鼎鼎的牛顿水桶实验(图 29-1)。

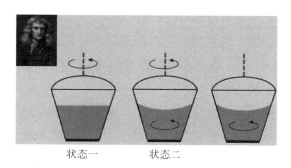

状态一　　　状态二

图 29-1　牛顿水桶实验

实验步骤非常简单:在一个桶里装点水,然后旋转水桶。

再来看看实验现象:水一开始是静止的,在旋转木桶的带动下慢慢旋转。最后,水跟桶会保持相同的旋转速度,水面也会凹下去一点点。

那么,牛顿想通过这个实验说明什么呢? 一个如此稀松平常的现象,怎么就能证明绝对空间的存在呢?

牛顿说,一开始水和桶都是静止的,它们之间没有相对运动,此时水面是平的(状态一)。到最后,水和桶都在运动,但是它们之间还是没有相对运动(水和桶的转速一样),但是水面却是凹的(状态二)。

为什么一个水面是平的,另一个却是凹的呢?

有人说这简单,状态一里水和桶没有转动,所以水面是平的;状态二里水和桶有转动,所以水面是凹的。

但问题是,在状态二里,水和桶之间明明也是相对静止的(以相同的速度旋转),并没有相对转动啊。

这时有人会说,我是说状态二里的水本身在转,并不是说它相对水桶在转。正是这种真正的转动让水面凹下去了,而状态一里水和桶并没有真正地转动,因此水面是平的。

听起来好像很有道理,那问题又来了:你要如何判断水是否在做真正的转动呢? 当水相对什么转动时才是真正的转动? 或者换个角度,你觉得一开始的水没有真正地转动,那么,真的有东西是处在绝对的无转动状态吗?

水井里的水是真正的无转动吗? 显然不是,因为地球在自转,会带着水井里的水一起转动。同理,太阳、银河系等都不可能是真正的无转动。

因此牛顿认为,必须假设一种自身特性与一切外在事物无关、处处均匀、永不移动也永不转动的东西存在,这就是他在《原理》一书中定义的绝对空间。

只有相对绝对空间无转动,才是真正的无转动,这时候水面才是平的;如果相对绝对空间有转动,即便物体之间没有相对转动,水面也会是凹的。

牛顿就这样给水桶实验一个自洽的说明,也顺带"证明"了绝对空间的存在。

然后,既然存在绝对空间,那绝对运动就是理所当然的事情了。有了绝对空间,配上伽利略变换,牛顿力学的所有定律就可以在惯性系里具有相同的数学形式,也就是满足相对性原理,完美!

通过水桶实验,牛顿试图向大家证明:绝对空间是存在的,相对绝对空间的运动(绝对运动)也是可以被实验证明的。

30 | 马赫与水桶实验

其实，在很久以前，就有人持有一种与牛顿截然相反的观点。

比如亚里士多德就认为：不存在绝对空间，空间只不过是物体的空间秩序。如果没有物体以及物体间的相互关系，空间就根本不存在，一个"空无一物"的绝对空间是没有任何意义的。

话虽然很拗口，但是想表达的意思却很简单。比如我问你："国家图书馆在哪里？"你说："在动物园的西面。"我问："你在哪里？"你说："在公司。"

当我们在回答"某个物体在哪里？"的时候，我们其实是在指明这个物体的周围有什么东西。

如果你处在空无一物的虚空里，问你在哪里就没有任何意义了，空间也就失去了意义，这是一种相对主义的空间观。但牛顿肯定会反对，他会说即便在空无一物的虚空里，绝对空间依然是存在的。

这是两种完全针锋相对的观点。

在牛顿以及牛顿之后的 200 多年里，因为牛顿力学的巨大成功，绝对空间的观点占据着压倒性的优势。

虽然在牛顿同时代就有人（比如莱布尼茨和贝克莱）批评绝对空间，但他们都只能从纯哲学的角度进行批判，无法触及绝对空间背后的大靠山——牛顿力学。因此,他们的批判显得没有多少分量,也没能引起物理学家的关注。

在牛顿力学统治世界 200 多年后,第一位重量级对手登场了,他的名字叫恩斯特·马赫。

马赫对牛顿力学和绝对时空观进行了深刻而又系统的批判,这些内容都写进了他的名著《力学及其发展的批判历史概论》(又名《力学史评》)里。

马赫

马赫是第二代实证主义先锋,"实证主义"这个词我在其他文章里也多次提到过。实证主义者主张一切科学知识必须建立在观察和实验的基础之上,认为经验是知识的唯一来源和基础。他们旗帜鲜明地反对形而上学,认为科学是对经验的描写,不必也不应该去追问科学背后的"本质",并且应该把那些无法观测的概念从科学里清除出去。

　　马赫和当时的实证主义者虽然有些过分夸大经验的作用（这些后来也被爱因斯坦批评），但他们在当时的积极作用是非常明显的，影响了一大批相对论和量子力学初创期的物理学家。

　　实证主义哲学原本就是从现代自然科学的思想中发展起来的。哲学家们把它系统化之后，又反过来影响了一大批科学家，这是科学和哲学相互促进的一个典范。

　　有了系统的哲学理论做后盾，马赫就对牛顿力学进行了深入而又系统的批判，这里最出名的就是马赫对绝对时空观的批判。

　　为什么马赫要批判牛顿的绝对时间和绝对空间呢？大家只要看一下绝对空间的定义，再想一下实证主义高举的大旗，就会明白这俩不打起来才怪。实证主义主张科学知识必须建立在观察和实验的基础上，要把那些无法观测的概念从科学里清除掉。

　　而绝对空间是什么？能看到、摸到、被观测到吗？都不能！

　　对实证主义者来说，一个物理概念无法被任何实验观测到，那么它就只有形而上学上的意义，而不具备科学上的意义。所以，按照实证主义的原则，这种概念就应该被剔除掉。

　　当然，牛顿肯定会跑出来申辩，说："我已经用水桶实验证明了绝对空间和绝对运动的存在，你怎么能说它们无法被观测呢？"马赫嘿嘿一笑，心想牛顿终于拿出了他手里的王牌，看我怎么压死他的牌。

　　然后马赫就提出了一种全新的观点来解释水桶实验，并且试图向大家证明：解释水桶实验根本不需要什么绝对空间，这个实验也无法成为绝对空间的证明。

　　牛顿对水桶实验的解释是：如果水相对绝对空间没有转动，水面是平的；如果水相对绝对空间有转动，水面是凹的。

而马赫的实证主义背景不允许他使用绝对空间这种无法观测的概念。于是,他提出了一种对水桶实验的新解释:如果水相对整个宇宙背景无转动,水面是平的;如果水相对整个宇宙背景有转动,水面是凹的。

乍一看有点奇怪,有人会说:马赫这不就是把绝对空间换成了整个宇宙背景吗,就改了一个名词而已,其他也没变啊。

是,确实就是只改了一个名词,但这个名词一改,整个意义就完全不一样了,为什么? 因为绝对空间是一个无法观测的概念,而整个宇宙背景却是我们实实在在可以观测到的东西,这就是两者的根本区别。

当马赫把水相对整个宇宙背景是否转动作为判断标准时(图 30-1),他其实是在认为:宇宙中所有物质与水的相互作用,决定了水面是否会凹下去。而其他物质与水的相互作用,则完全全属于可观测的物理学内容。

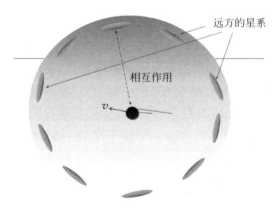

图 30-1　马赫的解释

就这样,马赫基于实证主义的思想,利用全宇宙所有物质对水的相互作用代替了绝对空间,否定了牛顿的绝对时空观。然后也得到了一个自洽的水桶实验的解释,这些思想后来被爱因斯坦总结为马赫原理。

当然,口说无凭,马赫也想发展一套动力学理论来解释马赫原理,但是并不成功。

爱因斯坦创立广义相对论之后,觉得自己创建了一套符合马赫原理的理论。然后就像完成了老师夙愿的学生一样,兴高采烈地拿着广义相对论给马赫看,以求表扬,结果却被马赫一顿批评。

不过,随着研究的深入,大家发现广义相对论确实与马赫原理并不一致,这是后话。

31 | 不存在绝对运动

马赫对爱因斯坦创立狭义相对论的影响是巨大的。

爱因斯坦在学生时代就读过马赫的《力学史评》，大学毕业后，他跟几个朋友创立了一个以探讨科学、哲学的交界问题为主的学习小组——奥林匹亚科学院，在这期间他们又仔细地研读了这本书。

在仔细研究了马赫的思想之后，爱因斯坦的态度基本上就变成了：马赫说得对，牛顿的绝对时空观不可取，没有绝对空间和绝对运动，我们能观测到的都是相对空间和相对运动。

这是爱因斯坦跟其他老一辈物理学家最大的区别。

因为爱因斯坦很年轻，牛顿力学的那套框架对他束缚不深。他在对新事物、新思想接受最容易的年纪，看到了马赫对牛顿力学进行了深入而又系统的批判，对休谟《人性论》的研读又大大增加了他怀疑一切的勇气。所以，在其他物理学家还在试图通过对牛顿力学这套框架的修修补补来解释各种新实验的时候，爱因斯坦早已坚信"不存在绝对运动"了。

于是，他的问题就变成了如何协调牛顿力学和麦克斯韦电磁理论，而不是试图用牛顿力学去解释一切。

看懂了这点，我们才能明白爱因斯坦的那些神来之笔，那些似乎是从天而降的天才想法是怎么来的；才能明白为什么爱因斯坦跟其他物理学家的思路不一样，为什么他会捷足先登创立狭义相对论。

理解了爱因斯坦坚信不存在绝对运动，就很容易理解对于洛伦兹1895年的那篇论文，为什么爱因斯坦一方面对洛伦兹在那些"技术上"的处理非常满意，另一方面又对洛伦兹的静止以太假设非常排斥了。

不存在绝对运动，也就是说只有两个物体之间的相对运动才是实在的。那么，两个做匀速直线运动的物体就不存在谁更特殊的问题，它们应该是等价的，这也是相对性原理的体现。

但是，在洛伦兹的静止以太假说里，以太系始终是那个最为特殊的参考系，它与其他参考系并不等价。

虽然洛伦兹从来没有说他的静止以太就是牛顿的绝对空间，但从它的性质来看，一个没有任何力学性质的纯背景墙式的静止以太，跟绝对空间也没什么大的区别了。

因此，爱因斯坦断然无法接受。

爱因斯坦

我们再梳理一下这几种观点。

牛顿认为存在绝对空间,通过伽利略变换,可以让牛顿力学的定律在那些相对绝对空间匀速直线运动的参考系里也能保持数学形式不变。

洛伦兹认为存在静止的以太,通过引入地方时和对应态定理,可以让电磁定律在那些相对以太匀速直线运动的参考系里保持数学形式不变。

牛顿和洛伦兹处理问题的内核是一致的。

马赫认为不存在绝对空间,那么所有相互做匀速直线运动的惯性系就应该是真正完全等价的,并没有哪一个更加特殊。而物理定律对所有惯性系平权,并不存在一个更加优越的参考系,这正是狭义相对论里相对性原理的精髓。

也因为如此,一些被洛伦兹认为只是纯数学技巧,只是为了通过这种变换方便在以太系处理问题的手段,在爱因斯坦的眼里就有了物理意义。因为对爱因斯坦来说,每一个惯性系都是同等真实的,一切能观测到的效应,都应该是相对运动造成的。

从哲学的角度来看,如果爱因斯坦接受了马赫的批判,就应该认为不存在绝对运动不仅对力学有效，对电磁理论也应该是有效的。因此，电磁理论满足相对性原理就应该是理所当然的事情。

当然，如果只是从哲学上的思辨，就认为电磁理论也应该满足相对性原理，似乎显得说服力不够。在这种环境下，爱因斯坦深入思考了一个非常有名的实验，这个思考让他彻底坚信电磁理论必须满足相对性原理，也让他确定了电和磁在新理论里应该具有的地位。这应该也是爱因斯坦创立狭义相对论过程中最重要的一个实验，其地位远远超过光行差、斐索流水、迈克尔逊-莫雷之类的实验。

爱因斯坦在《论动体的电动力学》里将其他人都很重视的以太漂移实验一笔带过，却在开篇用了整整一段话来描述这个实验，这就是大家都非常熟悉的法拉第电磁感应实验。

32 | 电磁感应之思

为了让大家对此有更加细致的了解，我把狭义相对论论文的开头部分直接摘抄过来："大家知道，麦克斯韦电动力学——像现在通常为人们所理解的那样——应用到运动的物体上时，就要引起一些不对称，而这种不对称似乎不是现象所固有的。

"比如设想一个磁体同一个导体之间的电动力的相互作用。在这里，可观察到的现象只同导体和磁体的相对运动有关，可是按照通常的看法，这两个物体之中，究竟是这个在运动，还是那个在运动，却是截然不同的两回事。"（摘自《论动体的电动力学》第一段）

1831 年，法拉第报告了电磁感应现象，他发现一根导体在磁铁周围做切割磁感线运动时，回路里会产生电流，也就是磁能够产生电。

当然，法拉第还做了各种实验，总结了磁能产生电的各种情况，这里我就不细说了。

爱因斯坦关注的重点是：法拉第发现只要导体跟磁铁之间有相对运动就能产生电流，而不管是导体不动磁铁动，还是磁铁不动导体动。

但是，当时的理论对这两种情况的解释却是截然不同的。

为了让大家更直观地了解这个实验，也为了让它更加符合相对论实验的一贯风格，我把它等价地搬到火车上来。

实验很简单：在火车上放一个由导体和导线组成的回路，在地面上放一块磁铁。火车开动后，火车上的导体就会切割地面磁铁产生的磁感线，从而在回路里产生电流。

这是一个非常简单的电磁感应实验，类似的实验法拉第做了一大堆，我这里只不过把导体回路放在了火车上而已。

实验结果也毋庸置疑：运动导体切割磁感线，回路里一定会产生电流。但是，当我们分别站在地面（磁体不动导体动）和火车上（导体不动磁体动）看问题时，爱因斯坦在论文里说的问题就出现了，有意思的事情也随之而来。

在火车上，我们看到的是：眼前的导体和回路都没动，当火车经过磁铁那里时，回路里的磁感线突然增加了，也就是出现了变化的磁场。

那么，我们要如何解释这个现象呢？

很简单，根据法拉第定律，变化的磁场会产生电场，所以，回路里会出现电场，导体中的自由电子就在电场的作用下定向移动，于是回路里就产生了电流。

在地面上，我们看到的是：磁铁在地面静止不动，磁感应强度没有变化。火车经过这里时，火车上运动的导体会切割磁铁产生的磁感线。

这时候我们是如何解释的呢？

我们会说，导体里有很多自由电子，火车运动时，这些自由电子也会跟着一起运动，而运动电子在磁场中会受到洛伦兹力，所以，当火车经过磁铁上方时，电子就会在洛伦兹力的作用下定向移动，于是在回路中形成电流。

因此，不管站在地面还是火车上，我们都能得出正确的结果。

但当时其他人并不这样看，他们认为电磁理论只在以太系中才成立，在其他参考系里是不成立的。因此，他们觉得只有站在地面上的人做的分析才是正确的，火车上的人则是在错误地使用电磁理论（因为火车系不是以太系）。而他们之所以都能给出正确的结果，那仅仅是一个巧合。

一个巧合，一个巧合，一个巧合！重要的事情说三遍！我觉得在面对巧合这件事情上，是最能体现爱因斯坦的与众不同的。

科学上有各种各样的巧合，那么哪些是真巧合，哪些只是看起来像巧合，背后还有更深层的原因没有被发现？

要回答这些并不容易，它需要我们对这些问题进行深入而透彻的思考。而很多东西一旦变成了常识，就很难再引起人们的注意，但是爱因斯坦一直对它们保持着警觉。

爱因斯坦自己倒是很谦虚地说，这是因为他智力发育比较慢，所以，很多同龄人已经思考过的问题，他没有想通。于是，他就继续琢磨，这样想问题就想得深入了一些。爱因斯坦说他智力发育比较慢，你相信吗？不过他确实一直都像孩子一样，对许多大人都习以为常的东西继续刨根问底。

几年以后，爱因斯坦又从"惯性质量等于引力质量"这个被大家视为巧合的地方开始深思，最后创立了广义相对论。

33 | 相对性原理

回到正题,地面系和火车系对电磁感应的看法不一样,但是都能给出正确结果。

别人觉得这是个巧合,爱因斯坦却认为这分明是在暗示我们:电磁理论在地面系能用,在火车系也能用,这是电磁理论满足相对性原理的铁证。

但是,我们刚刚也分析了:火车上的人觉得变化的磁场产生了电场,磁铁附近有电场;地面上的人觉得是运动电子在磁场中受到了洛伦兹力,磁铁附近没有电场。

还有个大家更为熟悉的例子:火车上有一个静止的电荷,火车系会觉得这里只有电场没有磁场;地面的人会觉得这个电荷在动,而运动电荷会产生磁场,所以这里有磁场。

从这里我们可以看到,火车系能看到电场或者磁场,地面系却不一定能看到,反之亦然。这是很多人认为电磁理论不满足相对性原理的铁证,他们觉得电场、磁场这么实实在在的东西,怎么能在一个参考系里有,在另一个参考系里又没了呢?

所以,唯一合理的解释就是电磁理论不满足相对性原理,它只在某些参考系(比如以太系)成立,在其他参考系是不成立的。

但是,如果爱因斯坦坚信电磁理论也满足相对性原理,那么地面系和火车系看到的现象就必须同等真实。这样的话,他就只能认为单独的电场和磁场都是相对的,只有电和磁的总和才是客观实在,这就很有狭义相对论的感觉了。

于是,我们就可以用一种统一的方式处理地面系和火车系的问题,爱因斯坦在论文开头提到的那种不对称性也随之消失了,这不是很好吗?

爱因斯坦对这个实验的印象是如此之深刻,以至于他在论文的开头花了整整一段来讲它。

讲完之后他接着写道:"诸如此类的例子,以及企图证实地球相对于'光媒介'运动实验的失败,引起了这样一种猜想,绝对静止这概念,不仅在力学中,而且在电动力学中也不符合现象的特性。倒是应当认为,对于力学方程适用的一切坐标系,对于上述电动力学和光学定律也一样适用。对于第一级微量来说,这是已经证明了的,我们要把这个猜想提升为公设。"

这个公设自然就是狭义相对论的两大基本假设之一的相对性原理:一切物理定律(包括力学、电磁学、光学)在所有的惯性系里都是等价的,它们的数学形式在所有的惯性系里都相同。

伽利略只说力学定律满足相对性原理(上一篇已经详细说了),爱因斯坦则把它的范围扩大了,认为电磁定律、光学定律也应该满足相对性原理。

而对于光行差、斐索流水等著名的以太漂移实验,爱因斯坦在论文里只提了一句"以及企图证实地球相对于光媒介运动实验的失败",然后就没有了。

另外,他在后面也写了"对于第一级微量来说,这是已经证明了的"。这里特意提到 v/c 一阶量级,也说明他没怎么重视迈克尔逊-莫雷实验这个 v^2/c^2 二阶量级的实验。

这样，结合前面各种实验、理论以及哲学上的分析，爱因斯坦就正式回答了开篇的灵魂拷问：电磁理论是否满足相对性原理？他坚定地回答：是！

而一旦认定电磁理论满足相对性原理，那所有的惯性系就都等价了，电磁定律也将在所有的惯性系里成立。与此同时，搞特殊的以太系将不再有任何立足之地。

34 | 真正的困难

就在爱因斯坦一路高歌猛进,试图用这种思路协调牛顿力学和麦克斯韦电磁理论的时候,他遇到了一个难题,一个真正棘手的难题。

如果我们认为电磁定律满足相对性原理,那么麦克斯韦方程组就应该在所有的惯性系里都成立。

在麦克斯韦方程组的电磁波篇我已经给大家推导了,我们可以在不预设参考系的条件下直接从麦克斯韦方程组推出电磁波的速度就是光速 c。现在相对性原理说麦克斯韦方程组在所有的惯性系里都成立,那自然就可以在所有的惯性系里都推出电磁波(光)的速度是 c。

也就是说,光在所有惯性系里的速度都是 c,它不随着参考系的改变而改变。我们知道这就是后来的光速不变原理。

这么一来,我们似乎可以直接从麦克斯韦方程组和相对性原理推出光速不变来。但是,麦克斯韦方程组在当时的地位还没有这么稳固,许多人基于光速可变对麦克斯韦方程组做了各种令人难以置信的修改。爱因斯坦也考虑过一些发射理论,但都失败了。

所以,爱因斯坦最后还是选择把光速不变作为一条单独的原理提出来,而不是作为相对性原理和麦克斯韦方程组的推论。

不管怎样,在爱因斯坦创立狭义相对论的过程中,光速不变实在显得太过荒谬,完全跟常识相悖。

你想想,一个物体的速度怎么可能在所有的惯性系里都一样呢?就像前面行进高铁上行走的列车员例子中,火车系和地面系当然会觉得列车员的速度不一样,而且相差了火车的速度(300 km/h)。

而现在,我们只要让麦克斯韦方程组满足相对性原理,就必然会得出火车系和地面系觉得光速都一样的结论,这不反了吗?

明明电磁理论应该满足相对性原理,那为什么让麦克斯韦方程组满足相对性原理就会导致光速不变这个怪物呢?怎样才能把它们协调起来呢?

这个问题把爱因斯坦折磨得死去活来,他写道:"为什么这两件事情彼此矛盾,我感到这个问题难以解决。我怀着修正洛伦兹某些思想的希望,差不多考虑了一年,毫无结果。这时候我才认识到,它真的是一个难解之谜。"

也就是说,爱因斯坦花了整整一年时间去思考这个问题,但没有任何结果。

在一个阳光明媚的日子,爱因斯坦去拜访了好友兼同事的贝索。他们就这个问题讨论了很多,然后爱因斯坦突然就明白了。第二天爱因斯坦又去看贝索,开口就说:"太感谢你了!我已经完全解决这个问题了。"

解决这个问题的5周以后(注意爱因斯坦当时在专利局上班,他只能用业余时间写论文),爱因斯坦就发表了那篇具有划时代意义的论文——《论动体的电动力学》。

在这篇论文里,他没有引用任何文献,没有提到任何当代著名的科学家。唯独在论文的最后写了这么一小段:"最后,我要声明,在研究这里所讨论的问题时,我曾得到我的朋友和同事贝索的热诚帮助,要感谢他一些有价值的建议。"

也就是说,贝索是爱因斯坦在狭义相对论的论文里唯一明文感谢的人。

他那天到底跟贝索聊了什么,我们现在是没法知道了。但是,我们可以试着猜想一下,看看爱因斯坦在1905年年初到底知道些什么,困扰他的问题又是什么,要怎样才能合理地解决这些问题。

35 | 对应态定理

这个问题的产生很简单：只要我们认为麦克斯韦方程组满足相对性原理，就一定会推出光速不变这个难题。

在经历了这么多的思索以后，爱因斯坦已经坚信电磁定律必须满足相对性原理了。所以，他要做的就是想办法协调相对性原理和光速不变，而不管它们看起来有多矛盾。

那要怎样协调呢？

爱因斯坦肯定会想到洛伦兹 1895 年的论文，因为洛伦兹在这篇论文里提出了一套满足相对性原理的一阶电磁理论。这一点爱因斯坦自己也说了："我怀着修正洛伦兹某些思想的希望，差不多考虑了一年。"

当然，在洛伦兹眼里，他提出的是一套在以太系和相对以太做匀速直线运动的参考系都适用的电磁理论。但是爱因斯坦根本不相信有什么绝对静止的以太，所以，在他眼里这就是一套满足相对性原理的一阶理论。也就是说，洛伦兹最起码在 v/c 一阶情况下让它们协调了起来，那爱因斯坦肯定要来这里找找灵感啊。

那洛伦兹是如何做到这一点的呢？他的核心是证明了一个叫对应态定理的东西。

对应态定理是说，如果我们在相对以太静止的参考系 (x,t) 里考虑一个电磁状态,用 **E**、**H**、**P** 分别表示电场、磁场、电极化强度矢量。

那么,在相对这个参考系以速度 v 运动的新参考系(x', t')里,就存在一个对应的态 **E'**、**H'**、**P'**。在 v/c 一阶情况下,它们作为 x' 与 t' 的函数,与 **E**、**H**、**P** 作为 x 与 t 的函数,在数学形式上是一样的。

在这两个参考系里,这些量的对应关系是这样的(x 表示 x 轴坐标,t 表示时间):

$$x' = x - vt$$
$$t' = t - vx/c^2$$
$$\boldsymbol{E'} = \boldsymbol{E} + v \times \boldsymbol{H}/c$$
$$\boldsymbol{H'} = \boldsymbol{H} - v \times \boldsymbol{E}/c$$
$$\boldsymbol{P'} = \boldsymbol{P}$$

是不是有点拗口?

确实有点,我这里主要是想保留洛伦兹思想的原汁原味,所以没做什么改动。

那些电磁物理量大家没必要去细究,洛伦兹的主要意思是:如果在一个新的参考系里把横坐标 x' 和时间 t' 写成上面的形式,那么,在一阶情况下,那些电磁物理量的数学形式就可以跟原来的保持一致。

这不就是说它们在 v/c 一阶下满足相对性原理吗?

牛顿力学是通过伽利略变换满足相对性原理的,我们来看看洛伦兹采用的时空变化关系。也就是从一个惯性系变换到另一个惯性系时,时间坐标和空间坐标要怎么变:

$$x' = x - vt$$
$$t' = t - vx/c^2$$

在相对原来参考系以速度 v 运动的新参考系里,空间坐标 $x'=x-vt$ 是非常正常的。它们之间就差了一个参考系的运动速度和时间的乘积(就像你在地面和火车的距离,就差了火车的速度乘以时间一样),伽利略变换里也是这样。

关键就是这个时间 t' 了,它和 t 之间有一个从来没见过的复杂关系,而且跟光速 c 有关。

洛伦兹发现只有把 t' 写成 $t'=t-vx/c^2$ 这个形式,那些电磁物理量才能在两个惯性系里都保持一样的数学形式。可能他也不明白为什么要这样写,但是发现只有这样写,才能满足相对性原理。所以,对洛伦兹来说,这只是一个纯粹的数学技巧,没有什么真实的物理意义在里面。于是,洛伦兹把 t 称为一般时,而把 t' 称为地方时。从名字你也能看出来,洛伦兹认为相对以太系静止的 t 才是一般意义上的时间,是真实的时间,而 t' 只是一个地方时,只是为了满足对应态定理而增加的一个数学技巧。

爱因斯坦肯定能看到地方时在这里起的重要作用,这个陌生的概念是保证洛伦兹的电磁理论在一阶情况下满足相对性原理的关键。

于是就出现了他自己说的,试图扩展洛伦兹的某些思想,但是失败了。

虽然扩展失败了,但洛伦兹引入的地方时和对应态定理的思想,肯定给爱因斯坦留下了非常深刻的印象。他也应该能隐隐约约感觉到,问题的关键应该就出在时间、地方时这里。

36 | 时间

提到时间，我们就会想到钟表，提到钟表立即就会想到钟表王国瑞士。巧得很，爱因斯坦就是瑞士伯尔尼专利局的职员。

那时候火车刚刚兴起，各个火车站之间的时间校准是一个很麻烦的问题。于是，爱因斯坦经常会收到各种关于时钟校准的专利申请。比如，给你两个时钟，你要如何校准它们呢？

如果这两个时钟就在一个地方，我们直接校准它们就行了。但问题是，如果它们一个在北京站，一个在武汉站，那要怎么办呢？

也好办，只要假定光在空间中速度都一样（其实就是假定空间的均匀性），我们从北京站发射一个光信号到武汉站，再让信号返回北京。利用时间和路程的关系，校准这两个时钟也是很容易的事情。

既然异地时钟是可以被校准的，那么我们就可以用一个与自己相对静止的时钟来记录自己所在参考系的时间。比如，我在火车上放一个时钟，这个时钟的读数就表示火车系的时间；我在地面放一个时钟，这个时钟就记录了地面系的时间。

为什么这件事情会搞得这么麻烦，很多人表示难以理解。他们觉得时间嘛，反正就在那里，虽然具体说不清楚，但是时间应该就是一个不言自明的东西。

你看，要是连自己都说不清楚，要怎么说服马赫呢？

前面我们说了，马赫对绝对时间和绝对空间的批判对爱因斯坦影响很大。马赫从实证主义的立场出发，认为绝对时间、绝对空间这种无法观测的物理量是没有科学上的意义的，它们只是一些形而上学概念，应该被抛弃。所以，充分领会了马赫精神的爱因斯坦在考虑时间时，必然也要把时间建立在可观测的基础之上，而可以用来观测时间的仪器自然就是时钟。

因此，爱因斯坦在说某个事件的发生时间时，他不再想着有个绝对时间，而是想着这个事件发生处时钟的读数，所以我们要谈时钟的校准。

异地时钟校准了，我们就可以判断两个异地事件是否同时发生了。因为我们假设了空间的均匀性，所以也可以直接用两个事件发射的光信号是否同时达到它们的中点来判断它们是否同时发生。

这样，同时性这个概念也可以用具体的实验来判断了，这很实证主义。

37 | 最后的沉思

　　总之,现在爱因斯坦的头脑里装着各种各样的想法,有洛伦兹的对应态定理、地方时的概念,也有深受马赫影响要抛弃绝对时间的执念,还有关于时钟的同步、同时性的判断(庞加莱的《科学与假设》里也写了这方面的内容)等问题。

　　很多线索都指向时间这个概念,时间是可疑的!

　　但爱因斯坦还不能把它们完全理顺,融会贯通。他需要一个契机,跟贝索的讨论应该就是这个契机。贝索作为一个局外人,可能注意到了爱因斯坦某些没注意到的地方,或者贝索的某些无心之言刚好提醒了爱因斯坦。

　　于是,爱因斯坦陷入了沉思。

　　"没有绝对时间,有意义的只是时钟记录的时间。

　　"任何关于时间的判断都是对同时性的判断。比如火车 7 点到站,它意思是火车到站这个事件跟我时钟的短针指到 7 这个事件是同时发生的。

　　"两个异地事件是否同时发生,可以用闪光是否同时到中点来判断。

　　"洛伦兹用对应态定理成功地在 v/c 一阶情况下解决了电磁理论满足相对性原理的问题,他的核心就是用一个叫地方时的概念来代替运动系里的时间。这虽然只是一个数学技巧,但看起来,就好像在运动系里真的有一个独立的时间似的。不知道的人一看这个公式,搞不好还真以为有两个时间……"

"慢着,两个时间?"爱因斯坦突然神情紧张,表情凝重,周围一片空灵,一个极为大胆的念头从他的头脑里一闪而过。

"如果我真的认为洛伦兹引入的地方时就是真正的时间呢?本来就没有绝对时间,那么每个参考系就都可以用自己携带的时钟来测量自己的时间。

"如果我认为地方时才是真正的时间,那么每个参考系的地方时才是它们的时间,这样洛伦兹的电磁理论满足相对性原理反而就有了物理意义。那么,对应态定理中时间项的复杂关系,难道是在暗示两个参考系的时间的确不一样?

"慢着慢着,有可能是这样的吗? 这个想法太大胆,太疯狂了。如果两个参考系的时间不一样,而且它们在一阶精度下存在对应态定理说的那种关系。那么在一个参考系里认为是同时发生的两个事件,在另一个参考系里就有可能被认为不是同时的。

"同时性的概念也很好判断,用两个闪光是否同时到达中点就行了。假设地面系看到两道闪电同时击中车头车尾,火车中点有一个人,那么闪光在传播的过程中火车肯定要前进一段距离。于是,火车中点的人必然会先看到来自车头的光,后看到来自车尾的光。

"如果牛顿在这里,他肯定要说:'来自车头的光速要大一些(要加上火车的速度),来自车尾的光速要小一些(减去火车的速度)。所以,来自车头的光比来自车尾的光的运动时间要短一些,而它们又是同时发出的(火车系也觉得事件是同时发生的,即同时的绝对性)。所以先看到车头,后看到车尾的光很正常,我用牛顿

力学都解释几百年了。'

"慢着,牛顿说什么?来自车头的光速要大一些,等于光速加上火车的速度?不对啊,我从麦克斯韦方程组满足相对性原理出发,立即就得到了光在所有的惯性系里的速度都一样,都是 c,怎么可能出现比光速大一些的情况?

"那牛顿的解释就不靠谱了。如果我认为光的速度在地面和火车都是 c 的话,火车系觉得两束光走了相同的距离,光速也相同,那么它们在火车上传播的时间就必须也相同。

"但是不对啊,如果它们的传播时间一样,火车上为什么会先看到来自车头的光,后看到来自车尾的光呢?传播时间一样,中点看到光的时间却不一样,唯一的解释就是它们并不是同时发出的。但是地面系明明觉得它们是同时发生的啊,这里怎么又不同时了呢?

"对了,我现在在火车上,凭什么地面系觉得同时,火车系就必须也觉得同时呢?仔细一想,好像确实没有理由要求它们非如此不可。难道这才是问题的关键?难道只要接受了同时的相对性,上面的矛盾就消失了?

"对,这正是问题的关键:地面系觉得同时发生的两个事件,火车系就是觉得它们不是同时发生的,闪电击中车头的事件先发生!

"如果这样的话,我就从电磁理论满足相对性原理得出了光速不变,光速不变又要求不同参考系对同时性有不同的判断。每个参考系都有自己的时间(地方时),它们按照对应态定理那样联系,这样就又满足相对性原理了。

"从相对性原理得出光速不变,经过同时的相对性又回到了相对性原理。这意味着什么? 这不就意味着相对性原理、光速不变协调了吗?

"只要我们假定地方时才是真的时间,对应态定理出现的两个不一样的时间,在光速不变的情况下竟然真的不一样。于是,不同参考系里的时间就是不一样的(一阶相对性原理时间项表达式),同时性也是相对的(上面光速不变的推论)。

"这不就刚好同时满足相对性原理和光速不变了吗? 也就是说,只要我认为每个参考系都有自己的时间,同时性是相对的,那我进可以满足相对性原理,退可以跟光速不变相容。这样一切矛盾就都烟消云散了!"

爱因斯坦抑制不住内心的狂喜,他知道只要协调了相对性原理和光速不变,就能解决牛顿力学和麦克斯韦电磁理论之间的矛盾。

只不过,他没想到问题的关键竟然在地方时、在同时的相对性上。对人们根深蒂固的时间观念进行了如此大的改动,一场大地震看来是不可避免了。

再回过头想想,问题的关键还是在牛顿的绝对时间上。

只要脑海里还有意无意地保留着绝对时间的想法,那么任何试图协调相对性原理和光速不变的尝试都注定会失败。而要让自己接受每一个参考系都有它自己独立的时间,这太疯狂,也太

爱因斯坦

难了。

　　如今相对性原理和光速不变已经不矛盾了，顺着这个思路，爱因斯坦很快就把理论的各个部分串起来了。

　　从相对性原理和光速不变出发，他很快就独立推导出了联系两个惯性系之间的变换，也就是洛伦兹变换。然后拿麦克斯韦方程组来验算，发现它果然可以在洛伦兹变换下保持数学形式不变，电磁理论的确满足相对性原理。

　　再看看旁边的牛顿力学，牛顿力学可以在伽利略变换下保持数学形式不变，也就是具有伽利略协变性。而当速度远小于光速时，洛伦兹变换就可以退化为伽利略变换，所以，牛顿力学肯定是某种更深刻的力学的低速近似。这种新力学的核心性质，就是它的所有定律都必须在洛伦兹变换下保持数学形式不变，也就是具有洛伦兹协变性。

　　那么，我们用洛伦兹变换代替伽利略变换，对牛顿力学进行一番改造，升级之后的新力学就必然在接近光速时也能适用了，这就是后来的相对论力学。

　　这样，以洛伦兹协变性为核心的狭义相对论就正式诞生了。

38 | 狭义相对论

很多人看的相对论科普书和文章的逻辑是这样的：从开尔文著名的"两朵乌云"引出迈克尔逊-莫雷实验，然后说这个实验"否定了以太，证明了光速不变"。

然后说爱因斯坦因此提出了光速不变原理，再从光速不变（相对性原理似乎就是透明的存在）推出了狭义相对论的几个常见的效应，比如尺缩、钟慢、双生子效应。再讲一下质能方程，狭义相对论就算讲完了。

这给人的感觉，似乎狭义相对论就是一套从两个假设出发，专门推出一些稀奇古怪结论的东西。让人觉得相对论的核心就是这些反常识的内容：时间能变慢，空间能收缩，光速是极限，"天上一

日，地上一年"也不再是神话。

当然，用这些东西来吸引大众眼球，博取路人缘是可以的。但是，如果真的以为这就是狭义相对论的核心，那就太肤浅了。

大家看看这节和第 37 节的内容，你会发现我们都是围绕相对性原理来的，上面我也说了狭义相对论的核心就是洛伦兹协变性。

其实，我们可以把相对论理解为一个形容词，一个修饰性的词语。

比如，我们研究力的相互作用的学问叫力学。如果一套力学定律在洛伦兹变换下可以保持数学形式不变，也就是具有洛伦兹协变性，那么它就是相对论性的，我们可以称之为相对论力学。因为牛顿力学只具有伽利略协变性，所以它不是相对论力学。

为什么我们没有听到有人说相对论电磁学或者相对论电动力学呢？

因为电磁理论天生就具有洛伦兹协变性，所以它天然就具有相对论性，我们就不用加相对论这个前缀了。（难道你还能找出非相对论的电动力学来？）

这个在量子力学里体现得更明显。

在学习薛定谔方程那一套时，老师会明确地告诉你，我们现在学的是非相对论性量子力学，也就是无法在洛伦兹变换下保持数

薛定谔

学形式不变的量子力学。

　　当然,有了相对论这么好的东西,大家希望薛定谔方程也能具有洛伦兹协变性。于是就有了后来的狄拉克方程、克莱因-高登方程,这一套新理论就叫相对论性量子力学。

　　不过,相对论性量子力学有一些无法克服的致命问题,这些问题直到把场论的思想引进来之后才得到圆满的解决。

　　于是,这套具有相对论性的量子力学在吸收了场论的思想以后,形成的新理论就叫量子场论。这是标准模型的基础,它显然也是具有洛伦兹协变性的。

　　我这样说,大家对相对论会不会有了全新的认识呢?

39 | 升级牛顿力学

相对性原理是一个地位非常高的原理，它背后有着深刻的哲学和美学思想。

伽利略协变性和洛伦兹协变性都只是相对性原理的具体体现。区别在于：伽利略变换下的速度是直接叠加的，而洛伦兹变换下的速度叠加则比较复杂，到光这里它就刚好不变了（光速不变原理）。

至于尺缩钟慢，它们只是相对论里的两个普通结论，切不要以为相对论就只是这些东西。

爱因斯坦发现用洛伦兹协变性取代伽利略协变性就能解决牛顿和麦克斯韦的冲突之后，自然要修改牛顿力学里的一些东西，让它们也具有洛伦兹协变性。

比如，动量守恒定律这么重要的定律，牛顿力学下的动量守恒肯定是伽利略协变的，那要怎么办呢？如果我们直接把牛顿力学里的动量守恒定律搬到相对论力学里来，这个定律肯定不具有洛伦兹协变性。那么它就不是相对论力学里的定律，也就是说相对论里动量守恒不再成立。

但是，动量守恒定律这么重要的东西，我们不能说放弃就放弃啊，那损失太大了。

理想的做法是：我们修改一下动量的定义。牛顿力学里的动量是质量乘以速度，但是这样定义的动量在相对论力学里无法得出动量守恒。所以我们就稍微改一下，让修改之后的定律既能保持动量守恒的形式，又具有洛伦兹协变性，那我们就可以继续在相对论里愉快地使用动量守恒定律了。

也因此，很多力学量的定义，在牛顿力学和相对论力学里是不一样的。初学者搞明白这点，可以减少很多不必要的困扰。

40 | 暂时的收尾

这篇的主题是相对论的诞生，在爱因斯坦把相对性原理和光速不变作为两条基本假设，并且通过对时间的分析解决了两者的矛盾以后，狭义相对论的创建工作基本上就完成了。

至于从这两条基本假设出发，推出洛伦兹变换、尺缩钟慢、新的速度叠加公式等在一些教材中占了很大篇幅的东西，都是非常简单的事情。一个训练有素的物理专业本科生都能轻松完成这些工作。

这点我们从狭义相对论的创立时间表里也能窥见一二：爱因斯坦花了 10 年时间思考狭义相对论，用了整整 1 年时间去协调相对性原理和光速不变。协调好以后，他仅仅用了 5 周的业余时间就从两个基本假设出发推出了那些结论，并发表了论文。

如果你觉得创立狭义相对论并没有你想象的那么困难，那是因为你低估了把相对性原理和光速不变同时列为基本假设所需要的智慧和勇气。

所以，我一直在努力告诉你为什么爱因斯坦会坚信电磁理论也满足相对性原理，以及他又是如何协调相对性原理和光速不变之间的矛盾的。

只有明白了这些，你才能真正明白爱因斯坦是如何创立狭义相对论的，其中的难点在哪里，爱因斯坦的过人之处又在哪里，为什么其他科学家没有这样想。也会明白无论多么伟大的科学家提出多么天才的理论，其背后都是有理可寻、有据可依，绝不是凭空拍脑袋就能想出来的。学习物理没有捷径，千万不要以为即便没有基础，只要想到一个绝妙的点子就能扬名立万，媲美爱因斯坦。

对长尾君来说，再复杂的科学，也有简单的逻辑。我帮你把它们背后的逻辑梳理清楚，你就会觉得一切都很自然了。至于如何从这两个假设推出相对论的那些结论，我就不在这里说了。

41 | 从归纳到演绎

　　此外,通过对爱因斯坦创立狭义相对论这段科学史的研究,我们也发现很多流行的观点和看法是不对的。把今天的观念和想法有意无意地放在过去,必然会出现各种问题。

　　比如,我们现在学习的理论里没有以太,很多人就觉得没有以太是理所当然的,但事情远没有想象的那么理所当然。

　　另外,很多人以为迈克尔逊-莫雷实验否定了以太,看了这本书,大家就会知道压根就不是这么回事。

迈克尔逊(上)与莫雷(下)

　　别说迈克尔逊在做了这个实验之后,他本人也只是否定了菲涅尔的部分曳引假说,从而转向了斯托克斯的完全曳引假说。就连对这个实验研究了很久的洛伦兹,在提出了长度收缩假说以后,依然在坚定地使用以太。

科学家们在迈克尔逊-莫雷实验出来很多年后，甚至在狭义相对论出来以后，都还在讨论以太的各种问题，怎么能说这个实验否决了以太呢？

比较恰当的说法大概是：狭义相对论不需要以太，仅此而已。

我们也分析了，狭义相对论的创建跟迈克尔逊-莫雷实验并没有什么直接的关系。这个实验直接影响了洛伦兹，而洛伦兹1895年的论文部分影响了爱因斯坦。

与此同时，马赫对绝对时空观的批判，爱因斯坦对电磁感应现象的分析，光行差实验和斐索流水实验都对狭义相对论的诞生产生了非常大的影响。

爱因斯坦主要是从协调牛顿力学和麦克斯韦电磁理论的角度思考相对论问题的，这里占主导地位的是演绎和思辨，迈克尔逊-莫雷实验这种具体的实验产生的影响倒是非常微小的。

爱因斯坦追求的是一种普遍性的自然法则，他在《自述》一文中写道："渐渐地我对那种根据已知事实用构造性的努力去发现真实定律的可能性感到绝望了。我努力得越久，就越加失望，也越加相信，只有发现一个普遍形式的原理，才能使我们得到可靠的结果。"

这段话说得非常直白了。像洛伦兹那样试图根据已知事实（迈克尔逊-莫雷实验）去发展一套解释它们的新理论，爱因斯坦对这种完全被实验牵着鼻子走的归纳法感到绝望了。

然后，他就更加坚信，只有发现了像相对性原理和光速不变原理这样普遍形式的原理，我们从这些可靠的原理出发，利用演绎法推导各种结论（就像欧几里得从五个公设推出《几何原本》里那么多命题一样），才可能得到可靠的结果。

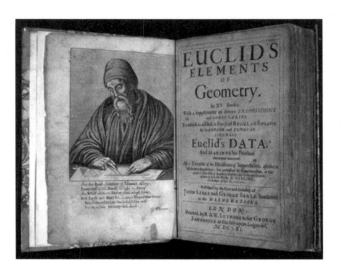

也就是说，爱因斯坦在这里从归纳法走向了演绎法。

这可能也是爱因斯坦多次对外强调迈克尔逊-莫雷实验对他创立狭义相对论影响不大的原因。因为他非常不想让大家以为光速不变是从迈克尔逊-莫雷实验中归纳出来的，其实他对这种归纳法早已绝望了，这点我们要特别注意。

此外，相信大家也明白了：只要认定麦克斯韦方程组满足相对性原理，光速不变就是一个必然会出现的结论。而且，我们真正的困难也不是光速不变本身，而是如何协调光速不变和相对性原理之间的矛盾。

因此，爱因斯坦要极力澄清这个事，不然大家对他通过先确定普遍形式的原理，然后通过演绎创立狭义相对论的方法论就完全会错意了。

42 | 结语

至于如何找到这种普遍形式的原理,可能就要靠思辨了。

这里既有哲学上的思辨(比如马赫从实证主义立场批判绝对空间和绝对运动),也有对实验进行的逻辑分析(比如电磁感应现象并不是现有理论无法解释,但是对它的分析却能暴露出现有理论的内在逻辑问题),兼具哲学家的思辨能力和科学家的洞察力是爱因斯坦一个非常鲜明的特点。

大学刚毕业的时候,爱因斯坦跟几个朋友创建了一个叫奥林匹亚科学院的学习小组。小组的成员有学习物理的,有学习哲学的,也有工程师。

他们一起阅读大师们的著作,探讨科学和哲学交叉的问题。这些著作有:马赫的《感觉的分析》《力学史评》,庞加莱的《科学与假设》,休谟的《人性论》,斯宾诺莎的《伦理学》,穆勒的《逻辑学》,皮尔逊的《科学规范》,等等。

奥林匹亚科学院的读书活动持续了 3 年多(1902—1905 年),刚好就是爱因斯坦的研究生阶段。

这一阶段的活动对爱因斯坦创立狭义相对论产生了极为重要的影响:马赫解放了爱因斯坦的思想,让他敢于突破牛顿的绝对时空观;庞加莱的非凡洞察力加速了他的相对论思想的形成;休谟

爱因斯坦（右）与奥林匹亚科学院的朋友

关于因果律的批判，斯宾诺莎的唯理论思想都让爱因斯坦逐步放弃让人绝望的归纳法，转而走向演绎法；跟不同领域朋友的深入讨论也加速了相对论思想的形成，贝索更是唯一一个爱因斯坦在论文里明文感谢的人。

正因为爱因斯坦这份非主流的"研究生"履历，他思考相对论的方式和研究方法都跟其他物理学家不太一样，这也是大家容易误解爱因斯坦的一个原因。爱因斯坦成名以后，很多记者跑来向他打听童年的事。爱因斯坦说："你们为什么总喜欢问我童年怎么样，而不问我在奥林匹亚科学院怎么样呢？"

现在的一个现象是：物理专业的朋友对哲学了解不多，学习哲学的朋友对 20 世纪以来的物理学也知之甚少，对话非常困难。所以我们只能一边学习物理学，一边有组织地补习哲学，希望以后也能研读诸如《物理与哲学相遇在普朗克标度》这样科学和哲学交叉的书。也希望能尽可能多地影响下一代的中小学生，影响下一代的小"爱因斯坦"们。

另外，在我写下这些文字的时候，喜闻中国科学院的哲学研究

所刚刚成立,哲学研究所将致力于探讨现代科学的哲学基础和当代科技前沿中的哲学问题。

白春礼院士说:"我们需要进一步深入反思科学技术的历史发展规律,需要进一步深刻认识科学和哲学的关系。中国的科学发展要实现阶段性跨越,就必须紧扣科学前沿中的基本问题进行开拓和创新,而不能只是在已建立的概念体系和研究路径上跟踪国际上的工作。为此,科学家必须提升自己的创造性思维的能力,其中哲学的学习和哲学思维训练非常重要。"

白院士的话我非常赞同,厘清科学的历史发展规律,让科学和哲学更好对话也是长尾科技正在做的事。爱因斯坦创立的奥林匹亚科学院,也主要是探讨科学和哲学的交叉问题。这一点,我相信大家看完这本书之后会有更深的体会,因为爱因斯坦就是一个这样的典范。

如果爱因斯坦没有深入地学习马赫,他能那么坚定地抛弃牛顿的绝对时空观吗?他能坚定地抛弃绝对运动吗?如果做不到这些,他又哪来的勇气认定电磁理论必须满足相对性原理呢?

如果做不到这些,那么爱因斯坦最大的可能性就是跟着洛伦兹的路线,"死磕"迈克尔逊-莫雷实验。也许他们最后可以从洛伦兹的经典电子论出发,也发展出一套可以解释目前所有观测现象的理论来。

但是,可以想象,这套理论绝对会比狭义相对论复杂得多,麻烦得多。而且,如果没有狭义相对论这种全新的纲领,广义相对论的诞生可能就要遥遥无期了。

但凡学习物理的人,无不赞叹广义相对论的优美。如果我们现在学习的引力理论,是一套比标准模型还复杂得多的理论,你会不会觉得非常惋惜呢?

我经常听到有人说"我相信宇宙规律应该是简单而美的",但是很多人并不知道要认识这种简单和美是需要站在一定的高度的。一幅油画很美,但是如果你距离它非常近,你可能就只能看到油画里的斑斑点点,那就既不简单也不美了。

同样,想要认识和发现更加简单和优美的物理定律,你就得对原来的理论认识得更加深刻,站在更高的高度去看它才行。而这种认知,对科学基本问题的深入思考,是需要哲学参与的,我想这也是白院士的那段话想表达的意思吧。

如果这本书能让你对爱因斯坦创立狭义相对论的过程,对狭义相对论本身有更深层次的了解,那我的目的就达到了。

第 3 篇

质 能 方 程

提到爱因斯坦,很多人最先想起的就是 $E=mc^2$。

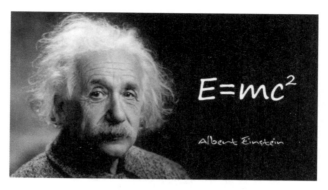

爱因斯坦与质能方程 $E=mc^2$

没办法,质能方程看起来"太简单"了:左边的 E 代表能量,右边的 m 代表质量,c 是光速,都是中学生就能看懂的物理量。而且,这个方程看起来太神奇了,它告诉我们一般物体都蕴含了巨大的能量,原子弹那毁天灭地的力量就是最好的证明。

又简单又神奇,不传播你传播谁?

但是,很多人容易忘记一件事:质能方程是狭义相对论的结论,需要站在狭义相对论的立场上才能精准地把握它。否则就容易望文生义,再类比、推广一下,后果就很可怕了。

比如,有人认为质能方程的意思是"质量可以转化成能量",或者说"物质可以转化成能量"。延伸一下,物质代表"有",能量代表"无",质能方程暗示着"有无相生",接下来欢迎进入太极物理频道……

也有人认为质能方程是在说"质量是能量的一种形式"。延伸一下,我们的物质本质上都是能量,一切都是能量,一切都是虚无,"色即是空",接下来欢迎进入相对论佛学频道……

这种误解以及可怕的延伸,我还可以列很多。要不是科普了这么久的相对论,见识了各种各样的人,我真难以想象质能方程会有如此丰富的"内涵和外延"。

不过,想想也不奇怪。毕竟谁都可以谈一下质能方程,谈的人多了,想法自然就多了。而且,质量亏损这个名字也很容易把大家往歪路上引。

那么,我们就来好好看一看质能方程,看看 $E = mc^2$ 到底是怎么回事,看看它是如何从狭义相对论里推导出来的,以及如何正确地对待质能方程。

43 | 从狭义相对论出发

因为质能方程是狭义相对论的产物,所以,想搞清楚质能方程就得先搞清楚狭义相对论。

什么是狭义相对论呢?

我们在前面已经详细地描述了狭义相对论的诞生过程,看到这里的朋友肯定都知道了:狭义相对论的核心是洛伦兹协变性。它跟牛顿力学的核心区别是:狭义相对论的物理定律在洛伦兹变换下保持数学形式不变,而牛顿力学的物理定律在伽利略变换下保持数学形式不变。至于尺缩、钟慢、双生子之类的效应,都是狭义相对论的一些简单结论。

质能方程 $E = mc^2$ 也是这样。

也就是说,只要我们认为物理定律应该在洛伦兹变换下保持数学形式不变(狭义相对论精神),我们就能推出质能方程 $E = mc^2$,而不需要其他的假设和限制。

因此,只要狭义相对论成立,质能方程就成立,它的适用范围是极广的。有些朋友认为质能方程只在核反应里才有效,这显然不对,因为狭义相对论并不是只在核反应里才有效。

那狭义相对论在哪些地方成立呢?是不是像有些人认为的,狭义相对论只在高速(近光速)情况下成立,在低速情况下就必须使用牛顿力学？不，也不是这样的逻辑。

狭义相对论跟牛顿力学并不是互补的关系。牛顿力学只在低速时适用没错，但狭义相对论不仅在高速时适用，在低速时也同样适用。而且，在低速时它的精度比牛顿力学还要高。

也就是说，狭义相对论不管在低速、高速时都成立，牛顿力学只是狭义相对论在低速情况下一个还算不错的近似。既然狭义相对论的适用范围那么广，质能方程的适用范围自然也很广，而不是只局限在核反应里。

但是，爱因斯坦并不需要知道核反应里质量和能量的关系，他直接从狭义相对论的基本原理出发，就无可辩驳地得到了 $E = mc^2$。这是最让人震惊的地方，也是理性的巨大胜利。

接下来我们看一看，为什么只要坚持狭义相对论的基本原理，坚持物理定律在洛伦兹变换下保持数学形式不变（洛伦兹协变性），就能得到质能方程 $E = mc^2$。

44 | 动量守恒定律

先来看看 $E = mc^2$，公式的左边出现了能量 E，看到能量我们就会想起能量守恒定律。既然说到定律，那我们就要问了：你可不可以在洛伦兹变换下保持数学形式不变啊？如果可以，那就欢迎进入狭义相对论的世界；如果不行，那就从哪儿来回哪儿去吧。

不过，考虑到能量的种类太多太杂，我们先来看看更简单的动量守恒定律。

在牛顿力学里，动量的定义是 mv（质量乘以速度），在不受外力或合外力为 0 时，两物体碰撞时动量守恒。

比如，两个质量都为 m 的小球以相等的速度 v 迎面撞上，碰撞后两个小球黏在了一起。如果以某个小球的运动方向为正（假设为向右），那这个小球的动量就是 mv，另一个小球的动量就是 $-mv$，碰撞前动量之和就是 $mv + (-mv) = 0$。

根据动量守恒定律，碰撞后小球的总动量也应该为 0。而碰撞后它们又黏在了一起，变成了一个质量为 $2m$ 的大球，所以碰撞后的速度就必然为 0（不然总动量就不为 0 了）。

两个质量相等、速度相反的小球迎面相撞，碰撞后两个小球黏在一起并保持静止。这件事情很容易理解，不管是用牛顿力学的动量守恒定律来计算，还是根据常识来判断都没错。

但是,我们关注的并不是碰撞本身,而是动量守恒定律是定律吗?

这个问题好像很奇怪,动量守恒定律当然是定律了,不然这名字是随意说的吗?

但是,我希望看到这里的读者,对定律有更深层的理解。前面说了,狭义相对论和牛顿力学的核心区别就是:前者的物理定律在洛伦兹变换下保持数学形式不变;后者的物理定律在伽利略变换下保持数学形式不变。

那么,当你把动量定义为 mv,当你在说动量守恒定律的时候,这个定律是在洛伦兹变换下保持数学形式不变呢,还是在伽利略变换下保持数学形式不变? 如果是前者,那这条动量守恒定律就是狭义相对论下的定律;如果是后者,它就是牛顿力学下的定律。

当然,我们很清楚,把动量定义为 mv 是牛顿力学里的做法。所以,这样的动量守恒定律必然是牛顿力学下的定律,它必然能在伽利略变换下保持数学形式不变。

下面我们来简单地验证一下。

45 | 伽利略变换

要验证动量守恒定律是否可以在伽利略变换下保持数学形式不变,我们就要先弄清楚什么是伽利略变换。弄清楚当我们在说一个定律在伽利略变换下保持数学形式不变时,我们到底在说什么。

其实,伽利略变换也好,洛伦兹变换也罢,都是联系两个参考系的东西。变换嘛,就是把一个参考系的物理量变到另一个参考系里去。比如,我在 300 km/h 的高铁上,觉得前面的椅子速度为 0,列车员正以 5 km/h 的速度往车头走,这是高铁系的测量结果。

那么,如果我站在地面,地面系测量椅子和列车员的速度又会是多少呢?有同学立即会说:"我知道,从地面上看,高铁上椅子的速度是 300 km/h,列车员的速度是(300+5) km/h=305 km/h。"

如果我问他这样算的依据是什么,他会觉得这还要什么依据,这不是天经地义的事情嘛!当然要有依据,物理学是一门非常严密的科学,做什么都要有理有据。

我们现在讨论的是同一个东西(椅子、列车员)在不同参考系里的速度,这就涉及两个参考系之间的变换,是一件很严肃的事情。如何把这两个参考系里的物理量联系起来?答案就是前面说的伽利略变换、洛伦兹变换。

在牛顿力学里,我们用伽利略变换联系两个惯性系,那伽利略变换到底是什么样的呢?

假设我们在地面系 S 建立了一个坐标系 (x,y,z,t),现在有一辆火车以速度 v 沿 x 轴正方向匀速运动。我们在火车系 S′里也建一个坐标系 (x',y',z',t'),为了简化问题,我们让这两个坐标系一开始是重合的(图 45-1)。

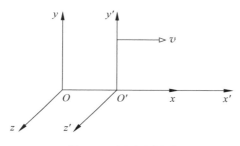

图 45-1　运动坐标系

坐标系建好后,空间中发生了任何事件,地面系和火车系都会记录下这个事件的时空信息(x,y,z 记录空间信息,t 记录时间信息)。我们想知道的就是:地面系和火车系记录的时空信息之间有什么联系?

不同的变换会给出不同的答案,伽利略变换的答案是:

$$\begin{cases} x' = x - vt \\ y' = y \\ z' = z \\ t' = t \end{cases}$$

我们知道,牛顿力学里的时间是绝对的,所有参考系的时间都一样,所以伽利略变换里有 $t' = t$。因为 t' 代表火车系的时间,t 代表地面系的时间,$t' = t$ 不就是说大家的时间都相等,时间是绝对的吗?

再看空间,因为火车只沿 x 轴正方向移动,所以火车系和地面系在 y 轴和 z 轴的坐标都一样, x 坐标的关系 $x'=x-vt$ 也不难理解,琢磨一下就明白了。

有了坐标和时间的关系,我们很容易就能求出火车系的速度 u' 和地面系的速度 u 之间的关系: $u'=u-v$。这个就不推了,不清楚的可以再看看第 1 篇的内容,里面有更加详细的推导。

伽利略变换的速度关系是 $u'=u-v$,这意味着:火车系测量的速度等于地面系测量的速度减去火车相对地面的速度。

比如,在速度 $v=300$ km/h 的高铁上,如果高铁系测量列车员的速度 $u'=5$ km/h,地面系测量列车员的速度 u 就应该满足: $5=u-300$, u 确实等于 $(5+300)$ km/h $=305$ km/h,跟我们的直觉一样。

但是,我们要清楚地认识到:这些推理都是建立在伽利略变换的基础上的。

因为我们采用了伽利略变换,所以两个惯性系之间的速度才可以这样叠加。火车系测量的速度是 5 km/h,地面系的结果是 $(300+5)$ km/h $=305$ km/h,这不是什么天经地义的事情,而是伽利略变换的结果。

46 | 牛顿力学的定律

有了这个认识，我们再思考一下：当我们说动量守恒定律是牛顿力学里的定律时，我们到底在说什么？

在牛顿力学里，动量的定义是质量乘以速度（图 46-1），也就是 mv。要看动量守恒定律是不是定律，就是要看在一个惯性系（比如火车系）里成立的动量守恒定律，用伽利略变换把它变到另一个参考系以后，它是否依然成立。

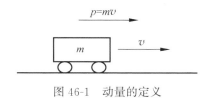

图 46-1　动量的定义

因为质量是一个不变量，不管在哪里都不变，所以，不同惯性系之间动量的差别就体现在速度 v 上了。

还是以小球的碰撞为例，假设两个质量都为 m 的小球以速度 v 迎面相撞，碰撞后两个小球黏在一起并保持静止。取向右的方向为正，从地面系看，碰撞前两个小球的动量分别为 mv 和 $-mv$，碰撞前总动量为 0。碰撞后，两个小球黏在一起并保持静止，所以碰撞后的动量 $2m\cdot 0=0$，也是 0。

因为碰撞前的总动量等于碰撞后的总动量（都是 0），所以，地面系确实认为存在动量守恒定律。

但是，我们看动量守恒定律是不是牛顿力学下的定律，并不是只看这个定律在地面系是否成立，还要看用伽利略变换把它变到另一个惯性系之后，它是否依然成立。

因此，我们要换一个参考系，看看新参考系里的碰撞过程是否依然满足动量守恒定律。为了计算方便，我们就把新参考系选在从左往右运动的小球身上，也就是站在速度为 v 的小球上再来看这个问题。

在地面系，两个小球碰撞前的速度分别为 v 和 $-v$，碰撞后两个小球黏在一起，速度为 0。那么，在新参考系里，碰撞前后小球的速度又分别是多少呢？

在牛顿力学里，我们使用伽利略变换的速度叠加公式 $u'=u-v$ 联系两个惯性系之间的速度。也就是说，在原参考系里速度为 u 的物体，在新参考系里速度就是 $u'=u-v$。

因此，对于碰撞前速度为 v 的小球，在新参考系里速度为 $v-v=0$；碰撞前速度为 $-v$ 的小球，在新参考系里速度为 $-v-v=-2v$；碰撞后速度为 0 的小球，在新参考系里的速度为 $0-v=-v$。

也就是说，同样的碰撞，新参考系看到的是：两个质量为 m 的小球，一个速度为 0（以它为参考系，速度当然为 0），一个速度为 $-2v$（对面的小球），它们碰撞之后黏在一起，变成了质量为 $2m$、速度为 $-v$ 的大球。

那么，在新参考系里动量守恒定律还成立吗？我们再来验算一下：碰撞前两个小球的动量分别为 $m \cdot 0=0$ 和 $m \cdot (-2v)=-2mv$，碰撞后黏在一起的大球的动量为 $2m \cdot (-v)=-2mv$。

看到没有，新参考系里碰撞前后的动量都是 $-2mv$，依然相等。

所以，在新参考系里动量守恒定律依然成立。

当然，这里我们只验证了一个新参考系。但是，你完全可以根据伽利略变换的速度叠加公式，证明只要把动量定义为 mv，动量守恒定律在一般情况下都成立。

这样，我们才敢理直气壮地说：如果把动量定义为 mv，动量守恒定律的确是牛顿力学里的定律。因为你用伽利略变换把动量守恒定律变到任何惯性系，它都成立。

那么，到了狭义相对论里呢？

47 | 洛伦兹变换

在狭义相对论里,联系两个惯性系的不再是伽利略变换,而是全新的洛伦兹变换:

$$\begin{cases} x' = \dfrac{x - vt}{\sqrt{1 - v^2/c^2}} \\ y' = y \\ z' = z \\ t' = \dfrac{t - \dfrac{v}{c^2}x}{\sqrt{1 - v^2/c^2}} \end{cases}$$

变换的细节我们先不细究,不过你可以看到:在洛伦兹变换里,火车系的时间 t' 和地面系的时间 t 不再一样($t' \neq t$),它们之间有个非常复杂的关系。也就是说,在狭义相对论里,时间不再是绝对的,不同惯性系的时间并不一样,每个惯性系都有自己的时间。

再看看火车系和地面系的 x 坐标之间的关系,也是一个非常复杂的公式。所以,不难想象,从洛伦兹变换推出的速度叠加公式肯定没有伽利略变换的那么简单。

中间的推导过程我就省了,洛伦兹变换下的速度叠加公式是这样的：

$$u' = \frac{u - v}{1 - \dfrac{v}{c^2}u}$$

怎么样，比伽利略变换下的 $u' = u - v$ 复杂多了吧?

但是，仔细观察一下就会发现，如果 v 远小于光速 c，分母的 v/c^2 就约等于 0，分母就变成了 1，于是这个速度叠加公式就回到了伽利略变换下的 $u' = u - v$。因为牛顿力学是狭义相对论的低速近似，所以伽利略变换自然也是洛伦兹变换的低速近似。

在牛顿力学里，我们使用伽利略变换导出的速度叠加公式，所以可以用 $(300 + 5)$ km/h $= 305$ km/h 表示地面系测量的列车员速度。但是，我们在狭义相对论里使用的是洛伦兹变换导出的新速度叠加公式，那结果肯定就不再是 305 km/h 了。

也就是说，如果火车系测量列车员的速度为 5 km/h，我问地面系的结果是多少，牛顿力学给出的结果是 305 km/h，这是用伽利略变换算出来的；狭义相对论认为这个结果不等于 305 km/h（当然也极为接近这个数字），因为它是用洛伦兹变换算出来的。

如果你问谁算得更准确，那当然是狭义相对论的结果更准确，但牛顿力学的结果也跟它极为接近。因为火车的速度 v 和列车员的速度 u 都太小了（相对于光速 c），所以洛伦兹变换的速度叠加公式的分母 $1 - vu/c^2$ 基本上等于 1，于是基本上就等于伽利略变换的结果。

但是，如果火车的速度接近光速，分母 $1 - vu/c^2$ 就会远小于 1，那得到的结果就跟伽利略变换完全不一样了，所以牛顿力学就不能用了。

通过这个例子，相信大家对伽利略变换和洛伦兹变换都有了一定的了解，也明白不同变换下的速度叠加公式是不一样的。具体的计算过程可以不用搞得太清楚（亲自推导一遍当然更好），但道理一定要明白。

48 | 狭义相对论的定律

知道了洛伦兹变换，我们再来看这个问题：在狭义相对论里，动量守恒定律还是定律吗？

当我们在说这句话的时候，我们的意思是：如果把动量仍然定义为 mv，那动量守恒定律在洛伦兹变换下还能保持数学形式不变吗？如果动量守恒定律在一个惯性系里成立，用洛伦兹变换把它变到另一个惯性系以后，它还成立吗？

具体的计算我就不做了，稍微想一下就知道答案肯定是否定的。

因为我们已经证明了：如果把动量定义为 mv，动量守恒定律在伽利略变换下是可以保持数学形式不变的，这样动量守恒定律才步入了牛顿力学的殿堂。

然而，现在动量的定义（mv）没变，联系两个惯性系之间的变换却从伽利略变换变成了洛伦兹变换。既然伽利略变换能让动量守恒定律保持数学形式不变，那换了变换以后肯定就不一样了啊。

也就是说，如果我们依然把动量定义为 mv，在洛伦兹变换下，新参考系的动量守恒定律必然不再成立。

要验算也很简单，洛伦兹变换下的速度叠加公式是这样的：

$$u' = \frac{u - v}{1 - \frac{v}{c^2}u}$$

还是刚才的小球碰撞问题,我们可以用同样的方法把新旧惯性系碰撞前后的速度都算出来,再看看动量是否相等。

一算就知道,答案必然不相等。

于是,我们就面临一个非常棘手的问题:如果我们在狭义相对论里依然把动量定义为 mv,那么,经过洛伦兹变换以后,新参考系里的动量守恒定律就不再成立。如果动量守恒定律无法在洛伦兹变换下保持数学形式不变,那它就没有资格成为狭义相对论里的定律。

也就是说,如果我们继续沿用牛顿力学的动量定义(mv),那狭义相对论里动量守恒定律就不再成立。

怎么办?

解决方案也很明显:要么,我们放弃动量守恒定律,认为狭义相对论里动量守恒定律不再成立;要么,我们修改一下动量的定义,让新定义下的动量守恒定律在洛伦兹变换下依然可以保持数学形式不变,从而保住它在狭义相对论里的定律地位。

很显然,闭着眼睛我们都知道要选后者。

动量守恒定律这么重要的东西,你说放弃就放弃了?为了坚持动量的定义(mv)而放弃动量守恒定律,这种行为太愚蠢了。如果动量守恒定律不再成立,我要动量有何用?

49 | 新的动量

因此，为了保住狭义相对论里的动量守恒定律，我们需要重新定义动量。重新定义的目的，就是让新的动量守恒定律具有洛伦兹协变性，让它在狭义相对论里能继续以定律自居。

那么，我们要把新动量定义成什么，才能让它具有洛伦兹协变性呢？这个倒不难，因为洛伦兹变换是明确给出了的，我们只要凑出一个新动量，让动量守恒定律在洛伦兹变换下依然可以保持数学形式不变，而且在速度远小于光速时能够回到牛顿力学的定义就行了。

这个过程我省略了，感兴趣的读者可以自己去试一下。最后，为了保住狭义相对论里的动量守恒定律，我们必须把动量定义成这样：

$$p = \frac{mv}{\sqrt{1 - v^2/c^2}}$$

可以看到，当 v 远小于光速 c 时，分母就会变成1，此时的动量就回到了牛顿力学的定义 mv。而且，你试一试，这样定义动量，确实可以让动量守恒定律在洛伦兹变换下保持数学形式不变，皆大欢喜。

到这里，我们就完成了从牛顿力学到相对论力学升级的第一步。为了让动量守恒定律具有洛伦兹协变性,我们修改了动量的定义。

但是,力学量又不止动量一个,物理定律也不止动量守恒定律一个。你考虑了动量守恒定律,那能量守恒定律要不要考虑? 你改了动量的定义,那动能的定义要不要改?

改,当然要改,一个个排队慢慢来!

为了让能不跟新的动量发生矛盾,为了让能量守恒定律也能顺利入驻狭义相对论,我们需要同步修改动能的定义。

而接下来,就是见证奇迹的时刻:一旦开始修改动能的定义,你会发现质能方程 $E = mc^2$ 竟然神奇地冒出来了。

50 | 新的动能

狭义相对论里的动能要怎么改呢？当然是照着牛顿力学慢慢改。

在牛顿力学里，动能的定义是 $mv^2/2$。一个质量为 m 的木块静止在地面，它的动能为 0，我用一个恒力 F 推这个木块，木块移动了距离 S，速度均匀加速到了 v。

我在《什么是高中物理》的第 25 节跟大家算过：一个物体在恒力 F 的作用下会以一定的加速度做匀加速运动。根据牛顿第二定律，这个力 F 和物体的质量 m 以及加速度 a 之间的关系是：$F = ma$。而一个物体以加速度 a 从 0 加速到 v，运动的距离 S 可以表示成：$S = v^2/2a$。

如果我们算一下力 F 在空间上的累积（也就是力 F 做的功）$F \cdot S$，会发现它刚好就等于物体增加的动能 $mv^2/2$：

$$F \cdot S = ma \cdot \frac{v^2}{2a} = \frac{1}{2}mv^2$$

也就是说，合外力对物体做的功等于动能的改变量，这就是中学的动能定理。也因如此，我们在牛顿力学里可以用合外力 F 和位移 S 的乘积 $F \cdot S$ 来表示动能增加的大小，如果物体一开始动能为 0，那 $F \cdot S$ 就是物体最终的动能。

那么，牛顿力学里这个关于动能的计算方式可不可以搬到狭义相对论里来呢？

大抵还是可以的，毕竟狭义相对论在低速情况下还要回到牛顿力学，所以许多东西都会保持一定的一致性。比如，狭义相对论里的动量虽然不再是 mv，但是基本形式上还是质量 m 乘以速度 v，只不过加了一个相对论特有的系数。

$$p = \frac{mv}{\sqrt{1 - v^2/c^2}}$$

因此，我们在狭义相对论里就暂时用 $F \cdot S$ 计算动能好了。位移 S 好说，但问题是：这个力 F 要如何表示？

在牛顿力学里，力 F 的常见表示有两种：一种是根据牛顿第二定律 $F = ma$ 来算；另一种是对 $F = ma$ 做一个微小的变形，把加速度 a 按照定义表示成 $\Delta v / \Delta t$，然后把 m 和 Δv 组合成动量的改变量 $\Delta p\,(p = mv)$，然后 $F = ma = m\Delta v / \Delta t = \Delta p / \Delta t$。

也就是说，对于力 F，我们既可以把它表示成质量 m 和加速度 a 的乘积，也可以把它表示成单位时间内动量的变化量，也就是动量的变化率 $\Delta p / \Delta t$。然而，狭义相对论里的新动量我们已经找到了，那就直接用动量的变化率 $\Delta p / \Delta t$ 表示 F，再用 $F \cdot S$ 计算物体的动能吧，省时省力。

然后，我们要意识到一件事：前面我们都假设力 F 是恒力，认为物体在做匀加速运动，这是一种特例。

我们要计算物体的动能，要推导质能方程，当然不希望它只在这种特殊情况下才成立。所以，我们要考虑一般的情况：如果力 F 和位移 S 都在变，我们应该如何计算它们的乘积？

地球的表面是弯的，但在小范围内我们可以认为它是平的。同理，在足够小的范围内，我一样可以认为力 F 和位移 S 的大小不变。如果用 $\mathrm{d}s$ 表示这个微小的位移变化,用 $F\cdot\mathrm{d}s$ 表示力 F 在这个微小位移里做的功,那么,把 $0\sim S$ 所有的功累加起来就能得到总动能 E。

写成数学表达式就是这样:

$$E=\int_0^S F\mathrm{d}s$$

很显然,为了保证结果的一般性,我们这里动用了微积分。这个具体的计算过程我不想多讲,因为只要学了微积分,会分部积分的同学都知道怎么算。如果你不会微积分,这个计算过程我也没法在这里给你科普,我只能建议你先看看我写的《你也能懂的微积分》,再找本微积分教材看看。

更为重要的是:这个计算过程并不会影响你对质能方程的理解。

因为这只是一个纯数学计算手段。人们之所以误解质能方程,并不是因为不知道这个公式的形式是 $E=mc^2$,而是无法理解这个方程背后的物理意义和物理背景。

如果你已经跟着我的思路来到了这里,知道为了让动量守恒定律满足洛伦兹协变性,我们不得不重新定义了动量,进而需要重新定义动能。你就会知道质能方程到底是怎么来的,就算看不懂中间的计算过程,也不会影响你对质能方程的理解。

这里,我就直接给出新动能的推导过程,你能看懂就看,看不懂也没事。当然,如果你暂时看不懂,但是为了能看懂而去学习微积分,那自然是极好的。这里也没有多深的微积分知识,关键就是一个分部积分。计算思路也非常简单,就是用狭义相对论里新动量的变化率代替力 F:

$$E=\int_0^S F\mathrm{d}s=\int_0^S \frac{\mathrm{d}}{\mathrm{d}t}\left(\frac{mv}{\sqrt{1-(v/c)^2}}\right)\mathrm{d}s=\int_0^t \frac{\mathrm{d}}{\mathrm{d}t}\left(\frac{mv}{\sqrt{1-(v/c)^2}}\right)v\mathrm{d}t$$

$$= \int_0^v v\mathrm{d}\left(\frac{mv}{\sqrt{1-(v/c)^2}}\right) = m\int_0^v \left(\frac{v}{\sqrt{1-(v/c)^2}} + \frac{v^3/c^2}{[1-(v/c)^2]^{3/2}}\right)\mathrm{d}v$$

$$= m\int_0^v \frac{v\mathrm{d}v}{[1-(v/c)^2]^{3/2}} = mc^2\left(\frac{1}{\sqrt{1-(v/c)^2}} - 1\right) = mc^2(\gamma-1)$$

现在我们来看一下倒数第二步：

$$E = mc^2\left(\frac{1}{\sqrt{1-v^2/c^2}} - 1\right)$$

也就是说，一个物体的动能 E 在狭义相对论里可以表示成这样：括号外面是 mc^2，括号里面是相对论因子减去 1。

我们把中间那一大串式子称为相对论因子（也叫洛伦兹因子），因为相对论里经常会用到它，所以我们就用一个特殊符号 γ 来表示这个相对论因子：

$$\gamma = \frac{1}{\sqrt{1-v^2/c^2}}$$

这样，你再想想狭义相对论里的新动量，是不是就相当于在牛顿力学的动量 mv 上乘了一个相对论因子 γ？也就是说，狭义相对论里的新动量可以简写成 $p = \gamma mv$。

同样，上面的动能表达式一样可以通过相对论因子 γ 简写为

$$E = \gamma mc^2 - mc^2$$

在这个公式里，m 依然是我们熟知的质量，是一个不随速度和参考系变化而变化的物理量。而这个 E，就是因为有力 F 作用在物体身上，物体因为运动而具有的动能。

这个动能的形式很有意思。

在牛顿力学里，动能的表达式是 $mv^2/2$，只有一项；到了狭义相对论，动能的表达式竟然有两项。而且，后一项 mc^2 竟然跟物体的速度 v 没有关系，只跟物体的质量 m 有关，只有前一项 γmc^2 才

会随着速度的增大而增大（因为 γ 会随着速度的变大而变大）。

这有点拔出萝卜带出泥的味道，原本我们只是在正正经经地计算狭义相对论里的新动能。现在你倒好，你算出的新动能里竟然还有一项跟速度无关的 mc^2，单位还跟能量一样。

仔细看看这个新动能，如果物体的速度 v 为 0，相对论因子 γ 就等于 1，那动能就变成了 $E = mc^2 - mc^2 = 0$。静止物体的动能为 0，很符合我们对动能的认知。

如果物体的速度开始增大，相对论因子 γ 就开始大于 1，第一项 γmc^2 就在增大，它跟 mc^2 的差值也会不断增大，结果就是动能不断增大。

这给人的感觉，就好像是物体静止时具有 mc^2 的能量，当物体开始运动时，我们用 γmc^2 减去物体静止时具有的能量 mc^2 就得到了物体的动能。所以，爱因斯坦面对这个式子时，就创造性地把 mc^2 解释为质量为 m 的物体静止时具有的能量，简称静能。

如果我们把 mc^2 解释为物体的静能，而 E 是物体的动能，那"静能＋动能"自然就是物体具有的总能量。于是，γmc^2 就成了物体具有的总能量（动能＋静能）。

这样解释的话，是不是一切都合情合理了呢？

51 | 质能方程

复盘一下整个过程,我们到底做了什么?

我们只是坚持狭义相对论的基本原理,认为物理定律在洛伦兹变换下应该保持数学形式不变,也就是认为物理定律应该具有洛伦兹协变性。

然后,为了让动量守恒定律具有洛伦兹协变性,我们修改了动量的定义。动量修改了以后,动能自然也得跟着改。然而,令谁也没有想到的是:当我们把这种符合狭义相对论精神的新动能($E = \gamma mc^2 - mc^2$)计算出来以后,发现它竟然带了一个尾巴 mc^2。

接着,爱因斯坦认为 mc^2 应该是物体静止时具有的能量,也就是静能,γmc^2 是物体的静能和动能之和,也就是物体的总能量。

整个过程,我们唯一引入的就是狭义相对论的基本原理,也就是认为物理定律应该具有洛伦兹协变性,然后就发现狭义相对论的新动能把静能 mc^2 带出来了,这太意外了!

于是,我们就从狭义相对论里自然而然地推出了质能方程:$E = mc^2$。

不知道爱因斯坦看到这个结论后是什么反应,这只是牛顿力学向相对论力学升级过程中的一个小步骤,结果却发现能量和质量之间竟然有 $E = mc^2$ 这样一种神奇的关系。

这个结论看起来是如此的不可思议,因为真空光速 c 是一个非常大的数字(3×10^8 m/s),平方一下就更大了。根据质能方程,一个 0.25 kg 的苹果蕴含的能量将高达 525 万 tTNT 当量,大致相当于 350 颗广岛原子弹爆炸释放的能量,这太夸张了。

但是,$E = mc^2$ 又是从狭义相对论的基本原理直接推出来的,如果质能方程错了,那就是狭义相对论错了。而爱因斯坦对狭义相对论的信心是极强的,所以,他在写完《论动体的电动力学》的3 个月后,就完成了质能方程的论文。

52 | 回到牛顿力学

习惯了将动能视为 $mv^2/2$ 的人可能不太习惯 $E = \gamma mc^2 - mc^2$ 这种新动能表达式。但是，因为牛顿力学是狭义相对论的低速近似，所以它在低速条件下依然可以回到大家熟悉的 $mv^2/2$，不信我们来试一试。

把相对论因子 γ 进行泰勒展开，就得到了这样的结果：

$$(1 - v^2/c^2)^{-1/2} = 1 + \frac{1}{2}(v/c)^2 + \frac{3}{8}(v/c)^4 + \cdots$$

泰勒展开就是看你想近似到什么程度，你不是说牛顿力学是相对论力学的低速近似吗？那相对论力学要低速近似到什么程度才会变成牛顿力学呢？泰勒展开会告诉我们答案。

如图 52-1 所示，我们对一张真实照片进行了"泰勒展开"。一阶近似下就是随便描了一个轮廓，我们可能看了个轮廓；二阶近似下可以看清楚一些细节，图片变清楚了一些；三阶近似下，细节就更清楚了，更接近原图。只要你开心，你可以无限阶近似下去，近似的阶数越高，图片就越接近原始图片。

同理，我们对相对论因子 γ 进行泰勒展开，它就被分成了无穷多项的叠加，你可以按照自己的需求采取相应的近似水平。

$$(1 - v^2/c^2)^{-1/2} = 1 + \frac{1}{2}(v/c)^2 + \frac{3}{8}(v/c)^4 + \cdots$$

真实照片　　　　一阶近似　　　　二阶近似　　　　三阶近似

图 52-1　一张照片在不同近似下的清晰度

我们说牛顿力学是相对论力学的低速近似,这个低速是相对于光速而言的。当速度 v 远小于光速 c 时,v/c 的值很小,$(v/c)^2$以及更高次项的值就更小了,可以选择忽略。

那么,如果我们只取前两项,也就是取 $\gamma = 1 + (v/c)^2/2$,再把 γ 代入狭义相对论的新动能:$E = \gamma mc^2 - mc^2 = mc^2(\gamma - 1) = mv^2/2$。不多不少,刚好就回到了牛顿力学的 $mv^2/2$。

也就是说,牛顿力学的动能只是狭义相对论动能的一个二阶近似。

因为 $mv^2/2$ 只是一个近似值,所以它必然会丢失一些信息。只是,万万没想到,它丢失的信息里居然包含了物体静止时具有的能量 mc^2。一旦我们通过更加精确的狭义相对论把这个丢失的信息找了回来,就会发现任何质量为 m 的物体都含有 mc^2 如此巨大的能量。

其实,静止的物体具有能量一点也不奇怪。

一堆火药放在那里,你肯定知道它有能量,甚至能算出这堆火药爆炸时会释放出多少能量。与此同时,你也知道火药爆炸释放的只是部分化学能,并不是它的全部能量。现在,我们终于有办法把它的全部能量算出来了,途径就是质能方程 $E = mc^2$。

质能方程把质量和能量联系起来了。那么,在这种新视角下,我们应该如何看待质量和能量的关系呢?

53 | 质量与能量

再次回到狭义相对论的动能表达式：

$$E = \gamma mc^2 - mc^2$$

回想一下，爱因斯坦是如何解释这个式子的？爱因斯坦想：既然 E 是物体的动能，那么 γmc^2 就是物体的总能量，mc^2 是物体静止时具有的能量，简称静能。

注意，我们这里是先得到了动能 E，是先有能量，先有总能量 γmc^2 和静能 mc^2，然后考虑如何衡量能量的大小。因为 c 是常数，所以就只能用质量 m 来衡量静能的大小，这个次序不能乱。

于是乎，质量就成了能量的量度。

因此，如果物体吸收了一点能量，它静止时的能量增加了，质量也会增加；如果物体释放了一点能量，它静止时的能量减少了，质量也会减少。

所以，把质能方程写成 $m = E/c^2$ 反而更容易理解它的含义（爱因斯坦一开始就是这么写的）：你想知道一个物体的质量是多少吗？那就用它静止时的能量除以 c^2 吧，于是我们才说质量是能量的量度。

一个物体静止时的能量是多种多样的，可以有内能、化学能、核能以及各种势能。但是我不关心种类，你把它们都加起来，除以

c^2 就能得到物体的质量 m。

为什么我要如此小心翼翼地描述这一段呢？因为只有极少数人在看到质能方程 $E=mc^2$ 后会认为它是在说"质量是能量的量度"，许多人的第一反应是：质能方程意味着"质量可以转化成能量"。核反应里出现了质量亏损，就是一块"实实在在"的物质丢失了一块质量，然后它们转化成了"虚无缥缈"的能量。

这是一种非常常见，但危害极大的误解。顺着这种误解，稍微发散一下就能搞出太极相对论、佛学相对论之类的东西。你以为原子弹释放了能量，是因为原子弹爆炸时丢失了一块东西，然后这部分质量转化成了能量？

不，原子弹爆炸释放能量的过程，跟一般的火药爆炸没什么不同，只不过前者释放的能量比较多，后者释放的能量比较少而已。原子弹爆炸释放了能量，所以度量原子弹能量的质量会减少；火药爆炸释放了能量，所以度量火药能量的质量也会减少。

这就是一个普通的能量转化过程，体系的一部分能量（原子弹的核能，火药的化学能等）通过爆炸转化成了动能和其他能量。于是，原子弹和火药的能量 E 减少了，度量这个能量的质量 m 也相应减少了，并且遵守 $E=mc^2$，仅此而已。

这也是我比较讨厌"质量亏损"这个词的原因，它太容易让人误解了，太容易让人误以为质量只在核反应中才会减少，让人误以为核反应就是"质量转化成了能量"。

没有什么质量转化成了能量，只有质量是能量的量度，质量就是度量一个物体静止时具有多少能量的。

我知道，不管我在这里说什么，你都难以接受为什么我们不能说"质量转化成了能量"，你不认为这样有什么不妥，甚至觉得它理所当然。而且，就算我让你强行记住这个结论，你后面还是会忘记的,毕竟大家都习惯用自己习惯的方式思考。

所以,我们就来深入地探讨一下,看看当你在说"质量转化成能量"时,你到底在说什么。看看为什么很多人会这样想,以及最重要的:为什么质能方程 $E=mc^2$ 不能这么理解。

54 | 牛顿的质量

在牛顿时代,大家认为宇宙万物都是由微小的实物粒子(原子)组成,认为宇宙就是一堆粒子的集合,各种物理现象只是粒子间的排列组合和运动变化,而粒子的运动规律则由牛顿力学描述。

在这样的背景下,人们认为组成物质的基本微粒是不可摧毁的,自然界的各种变化只是它们的排列组合,并不会摧毁粒子本身。到了 18 世纪,化学家们在一定精度内发现化学反应前后物质的总质量不变,也就是大名鼎鼎的质量守恒定律,这就更加佐证了这种观点。

因为化学反应只是原子间的排列组合,如果原子的种类和数目都没变,那原子的总质量就不变,质量自然就守恒了。

一旦我们认为"一个物体的质量等于组成这个物体的所有微粒质量之和",那质量基本上就成了物质的代名词。因为,你潜意识里会觉得:只要是物质,肯定就由一些实物微粒组成,它的质量自然就等于所有微粒的质量之和。

那能量呢,能量在这种背景下又扮演了什么角色?

还是看化学反应,我们认为化学反应就是原子间的排列组合。比如木炭燃烧,在化学家眼里就是木炭里的碳原子和空气中的氧原子重新组成了二氧化碳分子,这个过程虽然释放了能量,但燃烧前后原子的种类和数量都没变,所以质量不变。

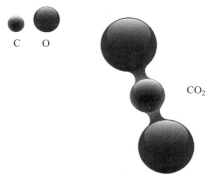

二氧化碳分子

也就是说,化学家认为虽然木炭燃烧释放了能量,但它们的质量不会变。在这种背景下,质量和能量明显是不同的东西:质量是组成物质的所有原子质量之和,能量不过是原子在重组过程中释放出来的副产品。

正因为牛顿力学背景下的质量和能量是如此的不同,我们在第一次看到质能方程 $E = mc^2$,第一次听说在核反应里会发生违反质量守恒定律的"质量亏损"时,才会认为这是"质量转化成了能量",是组成物质的实物粒子实实在在地被摧毁了(质量减小),然后神奇地转化成了能量。

但问题是,质能方程 $E = mc^2$ 并不是牛顿力学的东西,而是狭义相对论的天之骄子啊。

相对论和量子力学是 20 世纪物理学的两大革命,它们颠覆了牛顿力学的许多观念。物质不能再简单地看作一堆实物粒子的集合,质量不再是组成物体粒子的质量之和,化学家发现的质量守恒定律也不再成立……

总之就是,时代变了,世界变了,一切都变了,原来的"质量转化成能量"自然也得跟着变。所以,如果我们想搞清楚为什么不能再那样思考,就得先搞清楚牛顿的观念是如何被打破的?

55 | 电磁场的挑战

　　狭义相对论是爱因斯坦在协调电磁理论和牛顿力学的过程中建立起来的,所以它的论文题目就叫《论动体的电动力学》。我们也知道,在 19 世纪建立电磁大厦的过程中,有两个人的作用至关重要,他们是法拉第和麦克斯韦。

　　法拉第创造性地提出了"场",用电磁场来描述电磁现象。麦克斯韦则用优美的数学语言把法拉第的思想表现了出来,得到了能够描述一切经典电磁现象的麦克斯韦方程组。

　　这些历史大家都很熟悉,但是很多人没有注意到:法拉第提出的电磁场,其实是一个超出牛顿物理图景的概念。

　　什么意思? 在牛顿的观念里,物质是由基本微粒组成的,那电磁场是由什么微粒组成的呢? 很显然,电磁场并不是由什么微粒组成的,这看起来就跟牛顿的物质观发生了冲突。

　　于是,有些人就主张电磁场只是描述物质的一种数学手段,不具有物理上的意义,也就是不认为电磁场是真实的物质,这样牛顿的物质观就不用对它负责了。但是,很快人们就发现不能这么干,因为电磁场具有能量。

　　为什么电磁场具有能量呢?

　　举个例子,我从北京向武汉发射一束电磁波,因为电磁波的速度有限(光速)，它从北京到武汉需要一段时间。那么，当电磁波离开了北京，却又还没到武汉时，能量去哪儿了？此时的能量既不在北京，也不在武汉，那就只能在电磁场里。

于是乎，电磁场就理所当然具有了能量。一个东西具有能量，那它肯定就有物理上的意义，也就是说它是真实存在的物质。如果电磁场是物质，而它又不由实物微粒构成，那就真的跟牛顿的观念冲突了。

但人们还不死心，虽然电磁场是真实存在的物质，但我们还是可以把电磁场和电磁波看作某种实物粒子衍生出来的现象，这样它们的基础就还是牛顿的实物粒子。

比如水波，虽然它是真实存在的，但水波其实是许多水分子有规律的运动衍生出来的现象，它的基础还是水分子这种"微粒"。那么，如果我们认为电磁波跟水波一样，也是由某种微粒的振动引起的，这不就符合牛顿的观念了吗？

按理说，这种想法是非常自然的，毕竟水波、电磁波都是波。但问题是，当我们说水波是由水分子的振动引起时，我们的确看见了水，所以说"水是水波的介质"没什么问题。

但如果你说电磁波也是由某种介质的振动引起的，那这种介质是什么？光就是一种电磁波，光可以在太空、真空中传播，而这里似乎什么都没有，不存在什么介质。你总不能说电磁波是由某种介质的振动引起的，但又说不出这种介质是什么吧？

是，电磁波的确有可能存在介质，只是我们还没发现，没发现并不代表它不存在。但是，你也要明白这么做的巨大风险：这是在假设一种看不见、摸不着，目前任何实验都观测不到，却又在太空、真空中广泛存在的介质。

虽然一听就不怎么靠谱，但想到只有这样才能不违背牛顿的观念,人们(包括麦克斯韦、赫兹)就纷纷接受了,并将这种介质命名为以太。也就是说,如果我们把电磁波看作以太的振动,就像把水波看作水的振动那样,它就可以与牛顿的观念和平共处了。

然而,我们都知道爱因斯坦在狭义相对论里把以太扔了,也就是把作为电磁波介质的以太扔了。他认为并不能把电磁波看作以太的振动,电磁波不需要介质,它跟水波有本质的区别。

那有人就要问了:如果电磁波没有介质,它是怎么传播出去的呢?

我反倒想问一句:"你凭什么觉得只要是波,就一定要有介质呢?你觉得水波、声波都是通过介质传出去的,所以电磁波也要有介质?"

没道理啊,没理由说水波、声波是这样,就要求电磁波也这样。更重要的是,认为波都有介质,其实就是认为所有的波都跟水波一样,都是通过相邻介质点的力学作用传出去的。但我们已经说了电磁波跟水波不一样,那就不能套用这个逻辑了。

因此,到了狭义相对论,我们是彻底无法再把电磁波当作某种介质(以太)的振动了,无法再把它还原为某种微粒的衍生现象了,这就跟牛顿的物理图景彻底冲突了。

于是,我们现在就有两种东西:一种是实物微粒,比如分子、原子、质子、中子等,它们看上去可以由更基本的微粒组成;另一种就是无法看成实物微粒的电磁场。

如何把它们统一起来呢?

很显然,牛顿力学是办不到的,我们需要狭义相对论和量子力学才能统一它们。这种包含了狭义相对论、量子力学以及场论思想的全新理论,就叫量子场论。这是一种全新的物理图景,大家熟悉的粒子物理标准模型就是在这上面建立起来的。

怎么统一实物粒子和场呢？无非就是两种思路：要么认为粒子更基本，场是粒子的某种衍生物（牛顿物理学不这么认为，现代物理学里倒是有人这么考虑，比如温伯格）；要么就认为场更基本，粒子是场的某种衍生物。

量子场论的主流思想是后一种，也就是认为场更加基本，粒子只是场的激发态。比如，电磁场是更基本的，电磁场的激发态就是光子；质子场是更基本的，质子场的激发态就是质子，以此类推。

量子场论认为万物皆场，场是更加基本的东西。粒子只是这种量子化场的激发态，场与场之间的相互作用决定了要发生的一切。具体细节这里就不多说了，后面科普量子力学时再细说。

总之，到这里大家就应该清楚了：牛顿的物理图景已经崩塌了，物质并不是由坚不可摧的实物粒子组成的。在更现代的量子场论里，场反而是更加基本的东西，粒子只是场的激发态。

爱因斯坦

如果你记住了这一点，质能方程 $E=mc^2$ 就非常容易理解了。因为质能方程最难以理解的地方，就是你非要用牛顿的观念，来理解这个已经完全超出了牛顿物理学的东西。

量子场论是狭义相对论和量子力学"联姻"的产物,因此必然能跟质能方程相容。我这里并不要求你理解量子场论,只要你能意识到不能再用牛顿的观念来思考质能方程,后面的一切就都好说了。

有了这些基础,我们再来看看经常跟质能方程同时出现的质量亏损。

56 | 质量亏损

进入 20 世纪，人们发现了一件"奇怪"的事情：组成原子核的核子质量之和，竟然比原子核本身的质量要大。

什么意思？我们知道原子核是由质子和中子组成的，比如氘核就是由一个质子和一个中子组成。按照原来的观念，我们肯定认为氘核的质量等于一个质子的质量加上一个中子的质量。但实验结果却是：一个质子和一个中子的质量之和比氘核的质量要大。

为什么？

我们对这个结果表示惊奇，是因为它跟牛顿的观念不一样。我们认为一个物体的质量应该等于所有组成物体的微粒质量之和，认为一个氘核的质量应该等于一个质子加上一个中子的质量。但结果却是一个质子（$1.6726 \times 10^{-27}\,\mathrm{kg}$）和一个中子（$1.6749 \times 10^{-27}\,\mathrm{kg}$）的质量之和（$3.3475 \times 10^{-27}\,\mathrm{kg}$）比一个氘核（$3.3436 \times 10^{-27}\,\mathrm{kg}$）的质量要大。

而且，我们还知道质子和中子结合成氘核释放的能量 E，跟减少的质量 m 之间刚好满足 $E = mc^2$。于是，很多地方就用质量亏损来解释这个事，说质子和中子组合成氘核时发生了质量亏损，亏损的质量就按质能方程释放能量。

从牛顿的观念来看，这样考虑是非常自然的。因为质量减小了,肯定就意味着损失了一部分组成物质的"真材实料",而它刚好又按照质能方程释放了一定的能量,这可不就是损失的质量转化成了能量吗?

但问题是,质能方程是狭义相对论的产物,我们不能再用牛顿的观念去思考,因而不能说"质量转化成了能量"。

那问题到底出在哪儿? 我们应该如何看待质子和中子结合成氘核这个现象? 如果不是核原料损失了一部分质量并转化成了能量,那又是什么呢?

问题的关键就在于:单独的质子是质子,跟中子一起组成氘核的质子还是质子,它们并没有什么不同。既然质子的成分都是一样的(2 个上夸克和 1 个下夸克组成),并没有在跟中子组合成氘核的过程中损失什么,你说它质量亏损到底是亏损了什么?

是原来的质子由 3 个夸克组成,组成氘核之后的质子就损失了 1 个夸克,只由 2 个夸克组成了? 或者是,你觉得原来的质子是由 100 个什么微粒组成的,组成氘核的质子就损失了 1 个微粒,只有 99 个微粒了?

显然,不可能是这样。质子有质子的内部结构,如果它的内部结构发生了变化,那就不是质子了。就像一个质子和一个中子组成了氘核,但如果增加了一个中子,那就不叫氘核,而是氚核。

既然单独的质子叫质子,氘核里的质子也叫质子,那它们就应该是一样的,质子并没有"缺胳膊少腿",中子也一样。既然质子和中子都没有损失什么成分,那它们质量亏损到底是亏损了什么呢? 它又能亏损什么呢?

出问题了吧? 仔细一推敲,你就会发现这个逻辑是行不通的。

但是,在核反应里确实发生了质量亏损啊。质子、中子和氘核的质量都能查到,确实是前两者加起来比后者大,质量确实损失了

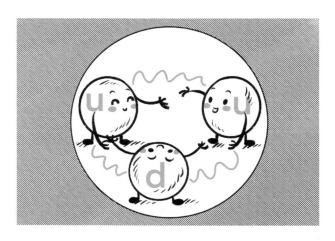

一部分啊，这到底是怎么回事呢？

大家认为化学反应前后质量守恒，认为两块砖头一起称的质量应该等于单独称的质量之和，为什么质子和中子组成氘核之后质量就减少了呢？难道核反应比较特殊，有它独特的规律？

57 | 核反应特殊吗？

核反应它一点也不特殊！

质子和中子组合成氘核，它是核子（组成原子核的粒子，包括质子、中子以及它们的反粒子）的重新组合，化学反应是原子的重新组合。一个是核子的重组，一个是原子的重组，有什么本质的区别？

核子间的相互作用主要是强力，原子间的相互作用主要是电磁力，除了强力比电磁力要强一些以外，核反应和化学反应没什么太大的不同。

甚至，两块磁铁在磁力作用下吸在了一起，这个过程跟核反应、化学反应也没什么本质的区别，无非就是把核子、原子换成了磁铁，是不是这个道理？

如果核反应没什么特殊，那质子和中子组成氘核释放出能量，碳原子和氧原子组成二氧化碳分子（木炭燃烧）释放出能量，两块磁铁吸在一起释放出能量（没错，的确释放了能量，不然磁铁碰撞时的声音是哪来的？）的过程就应该是类似的。

如果质子和中子组成氘核的核反应会发生质量亏损，那木炭燃烧会不会发生质量亏损？两个磁铁吸在一起会不会发生质量亏损？

有些人可能有点困惑,因为他印象里的"质量亏损"是一个非常高级的名词,是一个违背了质量守恒定律的东西。这种反直觉的新玩意,只有全新的相对论与核反应才能与之相配,一般的化学反应怎配享有如此待遇?把两个磁铁放到这里来就更过分了。

而且,中学化学也讲过,化学反应前后物质的总质量是不变的。两个磁铁吸在一起,根据直觉,前后的质量就更加不可能变了。所以,根据直觉和常识,他绝不相信化学反应、磁铁吸在一起也会发生质量亏损。

但是,我上面的推理也很有道理啊,核反应也好,化学反应、磁铁吸在一起也好,都是两个小东西组成了一个大东西,并且都释放了能量。区别无非就是核反应释放的能量大,化学反应释放的能量中等,磁铁吸在一起释放的能量少,并没有什么本质的不同。

还有,质能方程 $E=mc^2$ 是爱因斯坦从狭义相对论的基本原理推出来的,所以,狭义相对论成立的地方质能方程也应该成立。那么,狭义相对论就只在核反应里成立? 化学反应和磁铁相吸就不遵守狭义相对论了吗? 显然不是啊。

因此,从直觉和常识出发,我们觉得只有核反应才会发生质量亏损,亏损的质量和释放的能量满足质能方程。从逻辑和推理出发,又似乎是核反应、化学反应、磁铁吸在一起的过程都会出现质量亏损,亏损的质量跟释放的能量之间都满足质能方程。

直觉和逻辑发生了冲突,到底选择谁?

当然是逻辑,科学从来就不是为了符合你的直觉而建立的。你要说直觉,亚里士多德的理论最符合直觉了,牛顿的理论都很反直觉,更别说相对论了。所以,我们应该相信核反应、化学反应、磁铁吸在一起的过程中都发生了质量亏损。

如果化学反应也有质量亏损,那亏损的质量 m 跟化学反应(比如木炭燃烧)释放的能量 E 之间也会满足质能方程 $E=mc^2$。只不过,化学反应释放的能量 E 比较少,而光速 c 又很大,所以根据 E/c^2 算出来的亏损质量 m 就非常小,小到平常根本察觉不出来,于是化学家们才近似总结出了质量守恒定律。

至于磁铁,它们吸在一起时释放的能量就更少了,亏损的质量也就更小。所以,我们就更加不会察觉分开的磁铁与吸在一起的磁铁在质量上会有什么不同了。

这样,我们就能以一种统一的逻辑解释所有的事情,它既不与理论相冲突(从狭义相对论推出的 $E=mc^2$ 是普适的,核反应、化学反应、磁铁都应该遵守),也不与实验相冲突(核反应容易观测到,化学反应、磁铁不太容易观测到)。

那问题的关键就来了:如果这种逻辑是对的,如果核反应、化学反应甚至磁铁吸在一起释放能量时都发生了质量亏损,而我们又不能像牛顿那样认为是组成物质的"材料"少了一块,那它到底亏损了什么? 为什么它的质量会减少?

这就涉及一个非常关键的问题:在狭义相对论里,我们应该如何看待质量?

58 | 质量是能量的量度

　　木炭燃烧时，碳原子和氧原子结合成二氧化碳分子，这个过程释放了能量，相应的质量也亏损了一点。这个结论已经不奇怪了，我们奇怪的是：它的质量为什么会减少？

　　如果我们还用牛顿的观念思考这个问题，你就会发现怎么也想不通。你觉得一个物体的质量是组成这个物体的所有粒子质量之和，然而碳原子、氧原子组成二氧化碳分子时，原子的种类和数量都没有变，但总质量却减少了。整个过程除了释放了一定的能量之外，并没有发生其他的事情。

　　似乎是能量减少了一点，质量就会减少一点，就好像质量不是用来衡量组成物质的微粒，而是用来衡量能量的多少似的。

　　没错，这正是问题的关键：在狭义相对论里，质量确实变成了一个衡量体系能量多少的量。你静止时有多少能量，对应的质量就是多少，它们的关系由质能方程 $E = mc^2$ 给出。质量不是别的什么东西，它就是能量的量度，这才是一切问题的关键。

　　以前，我们老觉得质量是物质的代名词，觉得一卡车砖头的质量等于每一块砖头的质量之和，所以每一个分子的质量就应该等于所有组成它的原子的质量之和。我们是如此地相信还原论，相信所有的物质都可以还原为一个个基本粒子，相信物质的质量等于所有组成物质粒子的质量之和。

而这，正是我们理解质能方程的最大障碍。

现在我们要改变观念，物质的质量不再是组成它的基本粒子的质量之和，而是用来度量能量的。物质的能量固然包含了组成物质的基本粒子的能量，但它还包含了基本粒子之间因为相互作用而具有的能量，比如各种势能。

什么叫重力势能？举例说明，我搬起一块石头，石头就增加了一定的重力势能。因为石头和地球之间存在引力，当石头离开地面后，石头和地球之间就存在这样一种能量。石头落地后，重力势能减少了，度量能量的质量自然也跟着减少了，减少的能量 E 和质量 m 之间满足质能方程 $E=mc^2$。

质子和中子组成氘核的情况也一样，无非就是把质子和中子换成了地球和石头，把质子和中子之间的强力换成了地球和石头之间的引力，一个释放了重力势能，一个释放了核能。

因此，只有我们认为"质量是能量的量度"，而不再是牛顿观念里物质的代名词，不再是衡量物质所包含基本粒子的质量之和时，我们才能逻辑一致地看待上述所有问题，才能非常自然地解释质量亏损。

为什么质子和中子组成氘核之后，它们的质量会减少？因为独立的质子和中子具有一定的能量，而质量是能量的量度，所以质子和中子组成的系统就具有一定的质量。质子和中子组成氘核后释放了一定的能量 E，系统的总能量减少了，度量能量的质量 m 自然也减少了，它们之间满足质能方程 $E=mc^2$。

木炭燃烧变成了二氧化碳，碳原子和氧原子组合成二氧化碳分子时释放了能量 E，于是度量能量的质量 m 自然也减少了，它们之间依然满足质能方程 $E=mc^2$。

我用力拉开两个磁铁,其实是往磁铁组成的系统里注入了能量,磁铁的能量增加了,度量能量的质量自然也跟着增加了。所以,分开的磁铁会比吸在一起的磁铁更重,你用多大能量把磁铁拉开,它们的质量就增加了这个能量除以光速 c 的平方。

我们用力压缩一个弹簧,弹簧的能量增加了,度量弹簧能量的质量自然也增加了。所以,压缩的弹簧比松开的弹簧更重。

一个手电筒发出了一束光,因为光带走了一部分能量,所以手电筒的能量减少了,度量手电筒能量的质量自然也减少了。于是,发光手电筒的质量会一直慢慢减少。

但是,如果我们把手电筒放在一个铁箱子里,虽然发光手电筒的质量在不断减少,但手电筒发出的光并没有逃出箱子,所以手电筒和箱子的总能量并没有减少。于是,手电筒和箱子的总质量也不会发生变化。

为什么要举这么多例子? 当然是帮你快速洗脑。

我们在牛顿的世界里浸泡了太久,已经形成了极大的思维惯性。当我们在谈论物理,谈论自然界的各种现象时,潜意识里就会从牛顿的角度来思考问题,所以我们会觉得相对论和量子力学很奇怪。所谓奇怪,无非就是跟固有的观念不一样,在这里就是跟牛顿的观念不一样。

59 | 新的图景

我们要不断提醒自己：现在的物理图景已经不再是牛顿所描述的那样了，宇宙并不是一堆微粒的集合，一个物体的质量也不是组成物体实物微粒的质量之和。

如果你觉得"让人不这样思考"比较难，那可以接触一下量子场论，试着从量子场的角度来看待这个世界。毕竟，让人忘掉熟悉的旧观念很难，但是，一旦接受了新的观念，旧观念自然就忘了。

量子场论首先是一种场论，它的核心思想是：宇宙并不是由什么"实物粒子"构成的，而仅仅是由场构成，一切都是场。所谓粒子，不过是这些量子化场的激发态。

然后，量子场论是量子力学和狭义相对论"联姻"的产物。为什么我们要让量子力学和狭义相对论"联姻"呢？因为处理微观粒子要用量子力学，处理高速（近光速）运动的物体要用狭义相对论。那么，如果你想处理高速的微观粒子，就必须同时使用量子力学和狭义相对论，也就是它们"联姻"后的量子场论。

也因为如此，当我们用量子场论看问题时，其实也是在用狭义相对论看问题。而质能方程又是狭义相对论的结论，所以量子场论的图景跟质能方程是相容的。

毕竟，如果一切都是场，没有什么"实物粒子"，那自然就不存在什么"实物粒子被摧毁了变成能量"的说法。如果一切都是场，各种物理现象就只是场与场之间的相互作用，不存在谁被摧毁了，自然也不存在什么代表物质的"质量"转化成了能量。

这样，"质量转化成能量"就完全站不住脚了。

而前面我们也说了，场是有能量的，场和场之间的相互作用自然会涉及能量的变化。能量在不断变化，度量能量的质量自然也会不断变化，它们的桥梁就是质能方程。

这样，我们就可以非常自然地接受"质量是能量的量度"这个观念了，而这，才是打开质能方程 $E=mc^2$ 的正确方式。

60 | 不动的质量

　　需要注意的是，我上面说的"质量是能量的量度"，指的都是物体静止时的能量，并不涉及物体的动能。

　　我们知道动能是跟参考系有关的，在一个参考系里是静止的物体（动能为0），在另一个参考系里可能就是运动的（动能不为0），动能并不一样。

　　因此，如果把动能考虑进去，速度的增加就会导致动能的增加，能量增加了对应的质量也会增加。这样，物体的质量就会随着速度的增加而增加，这就是所谓的动质量。

　　但是，我非常不希望引入动质量。物理学要把握变化世界里不变的东西，质量原本是跟物体的运动状态无关的，你现在让它随着速度的变化而变化，何必呢？动质量又不是非用不可，我们从头到尾都没有提到动质量，不一样可以讲质能方程吗？

　　我知道，有些地方是从动质量开始讲质能方程的。他们先定义动质量，再把狭义相对论的新动量定义为动质量和速度的乘积，然后去算新动能。但这样读者就会很困惑，你凭什么把新动量定义为动质量和速度的乘积？难道狭义相对论就是用动质量替换掉原来的质量，剩下的照搬？然后各种脑洞大开，胡思乱想。

　　而在这本书里，我只是坚持狭义相对论的基本原理，要求动量守恒定律在洛伦兹变换下保持数学形式不变，然后就自然得到了新动量：

$$p = \frac{mv}{\sqrt{1 - v^2/c^2}}$$

这样逻辑上就非常自然。在这个新动量里，质量 m 依然是不随物体的运动状态而改变的质量，动量是一个速度的函数，而不是动质量和速度的乘积。

另外，我们再看一看狭义相对论的新动能：

$$E = \gamma mc^2 - mc^2$$

爱因斯坦认为 mc^2 是物体静止时的能量，E 是物体的动能，所以 γmc^2 就是物体的总能量（动能＋静能）：$\gamma mc^2 = E + mc^2$。

现在我们说"质量是能量的量度"，如果这个能量指的是物体静止时的能量 mc^2，那质量就是（静）质量；如果我们把动能 E 也加进来，认为能量是总能量 γmc^2，那得到的就是动质量。

也就是说，动质量和总能量在某种程度上是在描述相同的东西。然而，总能量是一直都存在的，并且是个非常重要的守恒量。如果已经存在一个守恒的总能量，为什么还要引入会导致混乱的动质量呢？因此，我在书里提到的质量通通都是（静）质量，完全不用动质量这种东西，也省得大家胡思乱想，最后把自己带到沟里去了。

当然，虽然学界的主流是舍弃动质量，但也有少数学者认为动质量依然有存在的必要，这个我就不多说了，感兴趣的读者可以自己去查。

61 | 结语

写到这里,质能方程这部分差不多就可以收尾了。

通观全篇,大家会发现质能方程的推导还是很简单的,只要遵守狭义相对论的基本原理,$E=mc^2$ 就会自然而然地从动能表达式里推导出来。

真正困难的,还是理解质能方程背后的世界观和物质观的转变,理解从牛顿力学到狭义相对论的转变,理解从"质量转化成能量"到"质量是能量的量度"的转变。

虽然相对论和量子力学革命已经过去了百年,但牛顿的观念还是深深地烙在许多人的心里。毕竟,我们在中学都要学习牛顿力学,只有少数人会系统地学习相对论和量子力学,而这方面的科普又比较少。所以,习惯于用牛顿的观念去理解质能方程并不奇怪。

但话又说回来,毕竟如今已经是 21 世纪了,相对论和量子力学已经极大地改变了牛顿的世界观和物质观。如果你对"后牛顿时代"的物理学不感兴趣也就罢了,如果感兴趣(比如质能方程),就一定要注意牛顿观念的局限性。

我们不能总是从牛顿的角度来考虑这些"后牛顿时代"的物理学,否则,我们不仅无法掌握这些内容,还会误入歧途。

如果你能很好地理解质能方程，就能很好地理解狭义相对论，也能很好地理解从牛顿力学到现代物理的转变，这是一块非常好的试金石。

所以，现在你明白质能方程 $E = mc^2$ 的含义了吗？

第4篇
闵氏几何及常见的相对论效应

1905 年，爱因斯坦正式提出了狭义相对论；1908 年，闵可夫斯基给出了狭义相对论的几何表述，也就是我们这里说的闵氏几何。爱因斯坦一开始对这套几何语言很反感，认为这些纯数学上的"花架子"没什么用，还增加了相对论的复杂度。但是，他很快就发现闵氏几何非常重要，发现这绝不是什么纯数学技巧，而是有着深刻的物理内涵。而且，如果要建立广义相对论，少了它根本不行。

闵可夫斯基

几何语言清晰直观，在处理许多问题时有很大的优势，这在双生子佯谬里体现得非常明显：使用代数语言、洛伦兹变换去处理双生子佯谬，其中难度之大、思路之绕，绝对是对智商极大的考验；而使用几何语言，这个问题就简单得不像是个问题。但是，目前绝大部分介绍相对论的书籍文章使用的还是代数语言，所以你还是能经常看到许多人在一些非常简单的问题上纠缠不清，争论不休。

梁灿彬老师说他 20 世纪 80 年代从"言必称几何"的芝加哥大学回来以后，就一直在国内大力推广相对论的几何语言，但是不明白为什么过了 30 多年大众对它还是很排斥。长尾君在这里就跟大家好好聊一聊，希望能够解开大家跟闵氏几何之间的心结。

因为这里是从零开始的，所以我暂时就只谈相对论里最简单的几何语言，也就是狭义相对论里的闵氏几何。至于广义相对论里涉及的黎曼几何，我们后面再说。

62 | 为什么很多人觉得几何语言难？

　　了解相对论的人大多知道一点儿闵氏几何，知道我们可以通过画时空图的方式来解决一些很复杂的问题，但很多人还是会觉得闵氏几何很难，把时空图画出来很难，画出来之后去解释时空图更难。当看到别人对着时空图"轻而易举"地把问题解决了，自己却无法理解为什么说时空图里的这个代表了相对论里的那个，为什么对时空图里的一些点、线、面做这样的处理就对应着相对论里的那个问题。所以，他觉得在时空图里做的那些几何操作非常"虚"，他不理解这些几何操作背后的实质，自然会觉得很难。

　　然而，这不该是几何给我们留下的印象啊。我们平常接触的几何，一个点、一条线、一个正方形、一个圆，都是我们日常生活里一些形状的完美投射，它们非常的实在，一点都不虚。很多在代数上不好理解的东西，我们把它画到几何图形上一下子就理解了。几何原本就应该比代数更加简单直观，但是为什么到了相对论这里，大家反而觉得几何语言更加难以接受了呢？原因就是，狭义相对论里使用的几何并不是我们熟知的欧氏几何，而是一种全新的闵氏几何，当我们把欧氏几何里的一些习惯和常识代入进来的时候，自然会引起各种水土不服。

这里我们先不谈闵氏几何和欧氏几何的具体区别，我们先来看看狭义相对论是怎么和闵氏几何"对上眼"了的。为什么狭义相对论不用欧氏几何来描述，而非得使用一个我们不熟悉的闵氏几何呢？这个问题不讲清楚，讲再多闵氏几何的性质也是白搭。

63 | 两个基本假设

　　为什么狭义相对论要使用我们不熟悉的闵氏几何,原因当然还是得从它自身来找。大家都知道狭义相对论有两条基本假设:相对性原理和光速不变。从这两个假设出发我们可以很自然地推导出狭义相对论里各种看似奇怪的结论,这里我们先来审查一下这两个假设。

　　相对性原理说物理定律在所有的惯性参考系里都是平等的,不存在一个特殊的惯性系。这一点很自然,伽利略很早就发现这点了,他意识到一个人在一个匀速移动(惯性系)的密闭船舱里根本无法区分这艘船到底是静止的还是以某个速度匀速运动的。无法区分的意思就是这两个惯性系(静止和匀速运动)是平权的,否则,你就应该有办法把它们区分开。

　　不同的是:伽利略只敢给力学定律打包票,他只敢说我们无法用力学实验区分两个惯性系,其他定律(比如电磁学实验)能不能区分惯性系他就不敢说了。爱因斯坦说你不敢打包票我来,我打赌所有的物理定律(力学的也好,电磁学或者其他的也好)都无法区分惯性系,你在船舱里做什么实验都无法区分这艘船是静止的还是匀速运动的。

　　从这里我们可以感觉到,相对性原理好像并没有那么反常识,它只是把伽利略的那套相对性原理的适用范围给扩大了。那么，狭义相对论里那么多"诡异"的结论似乎就应该来自另外一个假设，也就是光速不变。

光速不变说真空中的光速在所有的惯性系里都是一样的。无论你在哪个惯性系（注意一定要是惯性系）里测量光速，在静止的地面也好，飞速的火车飞船里测也好，测得的光速都是一个定值 c。

这就太反常识了，怎么能够在不同的参考系里测量同一个物体的速度都相同呢？比如，在一辆速度为 300 km/h 的高铁上，有一个人以 5 km/h 的速度朝车头走去。那么，高铁上的人会觉得他的速度是 5 km/h，而地面的人会觉得他的速度是（300＋5）km/h＝305 km/h，这两个速度肯定是不一样的。但是，如果我把这个人换成一束光，让这束光射向车头，光速不变就是说不管是在高铁上测量，还是在地面上测量，这束光的速度都是 c。你以为在地面上测量的光速应该是（c＋300）km/h 吗？对不起，并不是这样。

你觉得这个事诡异吗？好像有点儿诡异！但是，大家如果看了前面的内容，知道了让麦克斯韦方程组满足相对性原理就必然会产生光速不变，知道爱因斯坦正是为了协调光速不变和相对性原理才创立了狭义相对论，那就不会觉得奇怪了。其实，这个事情很多人还是知道的，但是，大多数人并不知道如果我们再深挖一下光速不变原理的秘密，我们就能找到一条通向闵氏几何的隐秘通道。

64 | 光速不变的秘密

光速不变原理是指在任何惯性系中测量真空光速,得到的结果都是 c,我们来定量地分析一下这个原理。

假设我们在 K 系里测量一束光,假设这束光在 Δt 的时间内走了 Δl 的距离,那么显然就有 $\Delta l = \Delta t \cdot c$。如果我们把这束光在 x、y、z 三个坐标轴方向移动距离的分量记为 Δx、Δy、Δz,那么根据勾股定理就有 $\Delta l^2 = \Delta x^2 + \Delta y^2 + \Delta z^2$,再把这两个公式合起来就能得到 $\Delta x^2 + \Delta y^2 + \Delta z^2 - (\Delta t \cdot c)^2 = 0$。如果这时候我们用一个新的量 Δs^2 表示公式左边的东西,那么就有 $\Delta s^2 = \Delta x^2 + \Delta y^2 + \Delta z^2 - (\Delta t \cdot c)^2 = 0$。

好,事情发展到这里,一切都非常容易理解,上面的事情倒腾来倒腾去就是一束光在空间里走了一段距离,然后套用了小学生都知道的距离等于速度乘以时间而已。而且,大家也会发现这个事跟光速不变也没有什么关系,你就是把上面的光换成一颗子弹,把光速 c 换成子弹的速度,那么上面的一切推理都还是那样的。没错,因为光速不变说的是光速在不同的惯性系里都一样,那么我们就还得再考察一个惯性系。

还是上面那束光,我们这次在另一个参考系 K′ 里对它进行测量。假设我们测量的结果是它在 $\Delta t'$ 的时间内走了 $\Delta l'$,我们同样对这个距离做一个分解,假设它在 x、y、z 三个坐标轴方向移动距离的分量记为 $\Delta x'$、$\Delta y'$、$\Delta z'$。根据光速不变原理,光在这个参考系里的速度还是 c,那么,按照上面的逻辑,我们依然可以得到 $\Delta s'^2 = \Delta x'^2 + \Delta y'^2 + \Delta z'^2 - (\Delta t' \cdot c)^2 = 0$。

当我们把 K 和 K′ 这两个参考系的结果拿来对比的时候,光速不变原理带来的反常效应就出现了:大家有没有发现 Δs 和 $\Delta s'$ 的表达式的形式完全一致,而且值还相等(都等于 0)?

我们只是把 K 系里测量的时间和距离全都换成了 K′ 系里测量的时间和距离,其他的东西一概没动。而在牛顿力学里,Δs 和 $\Delta s'$ 的表达式形式是不一样的,因为牛顿力学里另一个惯性系的速度会加上两个参考系之间的相对速度。也就是说在牛顿体系里,在 K′ 系里测量的光速应该是 c 加上两个参考系的相对速度,这样 $\Delta s'$ 的形式就跟 Δs 不完全一样了,而相对论则是用光速不变强制保证了它们的形式一致。

这一点大家好好想一想,它并不难理解,但却是后面的关键。我们现在等于说是定义了一个 Δs,对于光来说,这个 Δs 的值在不同的惯性系里是相等的,而且刚好都是 0。

那么,重点来了:如果我把这个 Δs 从光推广到所有物体,我仍然从两个不同的惯性系 K 和 K′ 去测量这个物体在空间上运动的距离 Δx、Δy、Δz 和时间上经过的间隔 Δt,然后一样把它们组合成 Δs 和 $\Delta s'$。那么,这个物体的 Δs 和 $\Delta s'$ 之间有没有什么关系呢?它们是不是还跟光的 Δs 和 $\Delta s'$ 一样相等并且都等于 0 呢?

是否等于 0 很好回答,一看就知道肯定不等于 0。假设博尔特 1 s 跑 10 m,那么 $\Delta t = 1$、$\Delta x = 10$,不考虑另外两个维度($\Delta y = \Delta z = 0$),看看 Δs^2 的表达式:$\Delta s^2 = \Delta x^2 + \Delta y^2 + \Delta z^2 - (\Delta t \cdot c)^2 = 100 + 0 + 0 - (1 \times 3 \times 10^8)^2$,这显然是个非常小的负数。之所以 Δs^2 的

后面减的是 Δt 乘以光速 c，而不是乘以博尔特的速度，是因为我们就是为了凑出这样一个形式，为了保证跟上面光速不变的形式一样，我们想看看这种形式有没有什么特殊之处。

那么问题的关键就落在惯性系 K 和 K′ 里测量的这两个值 Δs 和 $\Delta s'$ 是否相等，也就是说，如果博尔特在跑步，我们从地面和火车上测量得到的 Δs 和 $\Delta s'$ 是否相等？

这个答案我直接告诉大家：一样！

这个证明过程其实也非常简单，这不就是同一个事件看它在不同的惯性系里是否满足某个式子吗？同一个事件在不同惯性系下变换关系，在相对论里这不就是洛伦兹变换的内容吗？所以，你直接用洛伦兹变换去套一下 Δs 和 $\Delta s'$，你很简单就能发现它们是相等的，这里我就不做具体计算了，当作课后习题。

所以，我们通过分析就得到了这样一个结论：在相对论里，不同惯性系里测量一个物体的位移、时间等信息可能不一样，但是它们组合起来的 $\Delta s^2 = \Delta x^2 + \Delta y^2 + \Delta z^2 - (\Delta t \cdot c)^2$ 却是相等的，而这个值对光来说还刚好就是 0。

注意了，这个结论极其重要，正是它决定了我们要使用闵氏几何来描述狭义相对论，甚至，从某种角度来说，它几乎包含了闵氏几何里的全部奥秘。为了让大家更好地了解这个结论背后的意义，我们先去看一看欧氏几何里的类似情况。

65 | 欧氏几何不变量

在欧氏几何里也有一些量是不随坐标系的变化而变化的,比如最简单的线段的长度。

在二维的欧氏几何里,我们假设在一个直角坐标系里有两点 $A(x_1,y_1)$、$B(x_2,y_2)$,令 $\Delta x = x_2 - x_1$,$\Delta y = y_2 - y_1$,那么,利用勾股定理就能非常容易地算出 AB 之间的距离 $\Delta l^2 = \Delta x^2 + \Delta y^2$。这时候我们如果再建一个新的直角坐标系,在这个新的坐标系里原来 A、B 两点的坐标变成了 $A(x_1',y_1')$、$B(x_2',y_2')$,同样令 $\Delta x' = x_2' - x_1'$,$\Delta y' = y_2' - y_1'$,AB 之间新的距离 $\Delta l'^2 = \Delta x'^2 + \Delta y'^2$。这时候我们可以很轻松地验证 $\Delta l = \Delta l'$,也就是说 $\Delta x^2 + \Delta y^2 = \Delta x'^2 + \Delta y'^2$(图 65-1)。

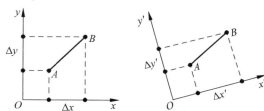

坐标系逆时针旋转之后,AB 在坐标系的投影变了,
但是,依然有 $\Delta x^2 + \Delta y^2 = \Delta x'^2 + \Delta y'^2$

图 65-1 不同坐标系下的验证

这个结论一点都不奇怪,我们都可以很直观地感觉到,为什么呢? 因为欧氏几何就是我们日常熟悉的空间啊,我们现在就假设有一把 2 m 长的尺子 AB,在一个直角坐标系里计算它的长度的平方 $\Delta l^2 = \Delta x^2 + \Delta y^2 = 2^2 = 4$,难不成在另一个坐标系里算得它的长度的平方 $\Delta l'^2 = \Delta x'^2 + \Delta y'^2$ 还能不等于 4 吗? 这把尺子的长度是一定的,如果在不同坐标系下得到尺子的长度却不一样了,那还了得,那这几何就有问题了。

因此,在欧氏几何里,$\Delta l^2 = \Delta x^2 + \Delta y^2$ 也是一个坐标系不变量,这个值不随你取坐标系的变化而变化。很显然的,如果把欧氏空间从二维推广到三维,那么这个不变量自然就可以写成 $\Delta l^2 = \Delta x^2 + \Delta y^2 + \Delta z^2$; 推广到四维,我们用 t 表示第四个维度,那么 $\Delta l^2 = \Delta x^2 + \Delta y^2 + \Delta z^2 + \Delta t^2$,再往上,推广几维,就加几个分量就行了。

大家肯定注意到了: 在欧氏几何里,不随坐标系变化的是 $\Delta l^2 = \Delta x^2 + \Delta y^2 + \Delta z^2 + \Delta t^2$,而我们上面在讲狭义相对论的时候,不随惯性系变化的量 $\Delta s^2 = \Delta x^2 + \Delta y^2 + \Delta z^2 - (\Delta t \cdot c)^2$。这两者非常的相似,光速 c 是个常数,可以不用考虑,为了方便计算我们甚至可以直接约定 $c = 1$,这样的话 Δl^2 和 Δs^2 的差别就仅仅只差一个 Δt 前面的负号而已。

那么,这种形式上的相似和那个负号的差别到底意味着什么呢? 毕竟它们一个代表的是不随惯性系的变化而变化的量(Δs^2),一个代表的是欧氏几何里不随坐标系的变化而变化的量(Δl^2),一个是物理量,一个是几何量,好像并没有直接的关系。但是,我们这样想一想: 如果我想用一种几何来描述狭义相对论里 $\Delta s^2 = \Delta x^2 + \Delta y^2 + \Delta z^2 - (\Delta t \cdot c)^2$ 不随惯性系的变化而变化的这种性质,我们肯定就不能选欧氏几何了(因为欧氏几何里不随坐标系变

化的量是 $\Delta l^2 = \Delta x^2 + \Delta y^2 + \Delta z^2 + \Delta t^2$）。所以我们需要一种新的几何，在这种新几何里，不随坐标系变换而变化的量是类似 Δs^2 这样带有一个负号的量，这种全新的几何自然就是闵氏几何。

你这时候心里可能有点疑惑：我们真的可以只凭借不随参考系变化的量是 Δs^2 和 Δl^2，就断定这是两种不同的几何吗？Δs^2 和 Δl^2 这些东西到底意味着什么？或者说，到底是什么决定了一种几何？

66 | 线元决定几何

　　我们从小就在学习欧氏几何,我们学习直线、三角形、圆等很多几何图形,我们关心它们的各种性质,比如两点间的距离、曲线的长度、两条线的夹角、一个图形的面积。但是,大家有没有想过:在欧氏几何的各种各样的性质里,有没有哪个是最基本的? 也就是说,我们能不能只定义这个最基本的量,其他的各种量都可以从这个量里衍生出来? 这样的话,我们就只需要抓住这一个最基本量的性质,就可以抓住这种几何的性质了。

　　答案是:有,这个最基本的量就是弧长,准确地说是组成任意曲线、弧线的基本元段长。

　　要把这个说清楚,我们这里得稍微引入一点点微积分的思想,别慌,这个很容易理解的。在欧氏几何里,我们很容易求一条线段的长度(直角坐标系里利用勾股定理就行了),但是,如果要你求一条任意曲线的长度呢?

　　比如图 66-1 的曲线 AB,这是一条随手画的很一般的曲线,不是什么特殊的圆弧,你要怎么求它的长度呢? 数学家们是这么考虑的:在曲线 AB 之间取一些点,比如 P_1、P_2、P_3,然后这 3 个点就把这段圆弧的分成了 4 个部分。我们用线段把这几个点连起来,这样我们就得到了一条折线,这时候我们就用折线的长度(也

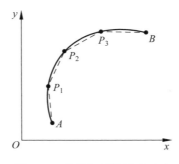

图 66-1　曲线与折线长度对比

就是这 4 条线段的和 $AP_1+P_1P_2+P_2P_3+P_3B$）来近似代替曲
线 AB 的长度。当然，你肯定会说，曲线的长度明显比这 4 条线段
加起来更长啊，你怎么能用折线的长度来代替曲线呢？

　　是的，如果你只在 AB 之间取 3 个点，那么曲线 AB 的长度肯
定要比折线的长度长很多，这样近似的误差很大。但是，如果我再
多取一些点呢？我在 AB 之间取 10 个、100 个，甚至 1000 个、
10000 个点，那么，这成千上万条线段组成的折线的总长度跟曲线
AB 比呢？当然，还是会短一些，但是，你可以想象，这时候这些折
线已经跟曲线 AB 非常接近了。如果一根 1 m 长的曲线被你分成
了 1 万条线段，这时候你用肉眼根本分辨不出来这是原来的曲线
还是折线。但是你内心还是知道折线要短一些，那么接下来就是
重点了：如果我在曲线 AB 之间放无穷多个点呢？

　　无穷是一个很迷人，同时也很迷惑人的词汇。从上面的分析
我们知道：当我们在曲线 AB 里放越多的点，这些小线段连起来的
折线就越接近曲线 AB 本身。那么，当我们放了无穷多个点的时
候，这无穷多个线段组成的折线是不是就应该等于曲线 AB 的长
度了？答案是肯定的，这也是微积分最基本的思想。

　　在这种思想的指导下，我们要求任意曲线的长度，最终就是要

求所有小线段的长度和,因为无穷多个小线段累加起来的长度就是曲线的长度。因此,我们只要知道如何求无穷小的线段的长度,我们就能用微积分的思想求出任意曲线的长度,我们把这个最基本的小线段称为曲线的一个元段长,记做 $\mathrm{d}l$（图 66-2）。

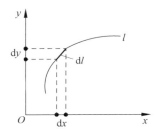

图 66-2　$\mathrm{d}l$ 为曲线 l 的一个元段长

在欧氏几何里,我们把基本元段 $\mathrm{d}l$ 在坐标系里分解一下,用 $\mathrm{d}x$ 和 $\mathrm{d}y$ 表示 $\mathrm{d}l$ 在 x 轴和 y 轴上的分量,那么根据勾股定理就有 $\mathrm{d}l^2 = \mathrm{d}x^2 + \mathrm{d}y^2$,我们就把 $\mathrm{d}l^2$ 称为线元。

提炼出了线元这个概念以后,我们就可以开始反推了。在任何一种几何里,如果我们确定了线元,就等于知道了元段 $\mathrm{d}l$ 的长度,然后就可以利用上面微积分的思想求任意一段曲线的长度。接下来,我们会发现几何里的其他性质都可以按照这些来定义。比如,我们就可以把两点之间的距离定义为这两点之间所有可能的曲线里最短的一条,把两条直线的夹角定义为弧长和半径的比值（想象在一个圆里,半径固定,弧长越大角度越大）,其他什么面积、体积之类的几何性质就都可以根据这些基本性质来定义。

最后,你会发现只要给定了一个线元,我们就能把它所有的几何性质都确定下来,也就是说:线元决定几何。

那么,什么是欧氏几何呢? 欧氏几何就是由欧氏线元（$\mathrm{d}l^2 =$

$\mathrm{d}x^2+\mathrm{d}y^2$)决定的几何。非欧几何呢?只要线元不是欧氏线元,那么这个线元决定的几何就是非欧几何。用这种新线元,我们一样可以定义出在这种新几何里的曲线长度、两点的距离、线的夹角等几何性质。

那么,闵氏几何是什么?闵氏几何的线元又是什么呢?

答:很显然,闵氏几何就是由闵氏线元决定的几何。闵氏线元是这样的 $\mathrm{d}s^2=-\mathrm{d}t^2+\mathrm{d}x^2+\mathrm{d}y^2+\mathrm{d}z^2$,如果只考虑二维闵氏几何的话,那么 $\mathrm{d}s^2=-\mathrm{d}t^2+\mathrm{d}x^2$。

闵氏线元($\mathrm{d}s^2=-\mathrm{d}t^2+\mathrm{d}x^2$)跟欧氏线元($\mathrm{d}l^2=\mathrm{d}x^2+\mathrm{d}y^2$)十分相像,它们之间唯一的差别就在于闵氏线元的第一个分量 $\mathrm{d}t^2$ 的前面是负号,而欧氏线元全部都是正号。也因为如此,闵氏几何跟欧氏几何也非常像,所以闵氏几何还有一个称呼,叫伪欧几何。但是,我们也要特别注意这个负号,正是这个负号,决定了闵氏几何和我们熟悉的欧氏几何里所有不一样的地方,而这些不一样,恰恰是我们通过闵氏几何来理解狭义相对论的关键。

67 | 闵氏几何与狭义相对论

我们现在知道了，所谓的闵氏几何，不过是由闵氏线元 $ds^2 = -dt^2 + dx^2 + dy^2 + dz^2$ 决定的几何。在这种几何里面，曲线的长度、两点的距离、线的夹角等一切性质都由这个第一项带了一个负号的闵氏线元决定。

看看这个闵氏线元 $ds^2 = -dt^2 + dx^2 + dy^2 + dz^2$，再看看我们最开始提到的那个在狭义相对论里不随惯性系的变化而变化的量 $\Delta s^2 = \Delta x^2 + \Delta y^2 + \Delta z^2 - (\Delta t \cdot c)^2$，是不是非常像？在相对论里有两种单位制：国际单位制和几何单位制。国际单位制就是我们平常熟悉的那一套单位制，几何单位制就是选择光速 $c=1$，这样可以大大简化在用几何处理相对论问题的难度。采用几何单位制的话，不随惯性系变化的 $\Delta s^2 = \Delta x^2 + \Delta y^2 + \Delta z^2 - \Delta t^2$ 就真的跟闵氏线元 $ds^2 = -dt^2 + dx^2 + dy^2 + dz^2$ 一模一样了。

这就是我们要用闵氏几何，而不是欧氏几何来描述狭义相对论的根本原因。

在牛顿的世界里，时间是绝对的，三维的空间也是绝对的，一根木棒在三维空间里随便怎么移动，随便怎么变换参考系，它在三维空间里的长度是一定的，这个是跟三维的欧氏线元相对应的（因为三维的欧氏线元 $dt^2 + dx^2 + dy^2$ 也不随坐标系的变化而变化）。

但是,在狭义相对论里,空间不再是绝对的、一成不变的,我们熟悉的尺缩效应不就是说从不同的惯性系里观测同一把尺子,这个尺子的长度是不一样的吗？这就是说空间上的"长度"在狭义相对论的不同惯性系里不再是不变量。但是,我们发现如果把时间也考虑进来,把三维空间和一维时间一起组合成四维时空,那么这个四维时空里的间隔 $\Delta s^2 = \Delta x^2 + \Delta y^2 + \Delta z^2 - \Delta t^2$ 就是不随惯性系的变化而变化的量(这个在前面说过,用洛伦兹变换可以非常方便地证明)。

所以,在牛顿的世界里,三维空间是绝对的,他必须保证同一把尺子在不同三维空间的坐标系里长度是一样的,也就是说在度量三维空间里长度的方式(这有个更专业的概念叫度规,这里我们知道就行)必须跟坐标系无关,而欧氏几何正好有这样的特性,所以牛顿力学的背景是欧氏几何。

而在狭义相对论里,三维空间并不是绝对的,三维空间里一把尺子的长度在不同惯性系是不一样的。但是,三维空间和一维时间组成的四维时空是绝对的。四维时空里如果也有这样一把"尺子",那么这把"尺子"无论从哪个惯性系来看,它的四维"长度"都是一样的。而狭义相对论的这种四维"长度",或者说我们在四维时空里度量长度的方式,它跟闵氏线元表达式的形式是一样的。也就是说只有在闵氏几何里,狭义相对论的时空间隔才对应于他们几何里的"长度"的概念,所以我们要使用闵氏几何来描述狭义相对论。

理解这一段非常重要,因为只有理解了这个,才能从根本上把闵氏几何和狭义相对论对应起来。有很多关于闵氏几何的科普文章一开始就直接画时空图,然后告诉你闵氏几何里的这种图形的几何性质对应着狭义相对论里的这种概念,这样很多人就感觉难以接受,于是对几何语言产生抵触的心理。

好,既然我们打算用闵氏几何来描述狭义相对论,那么肯定就要把狭义相对论里的物理语言翻译成闵氏几何里的几何语言。几何肯定是离不开画图的,在欧氏几何里我们经常会画出一个几何图形在空间上的样子,这是空间图。而狭义相对论把时间和空间看作一个整体,它要求我们以同等的地位来看待时间和空间,所以我们需要画出一个事件同时在时间和空间里的样子,这种图就叫时空图。

68 | 时空图

在时空图里,你能非常自然地感觉到时间和空间被统一起来了,因为时空图里的时间轴和空间轴有着完全平等的地位。

在时空图里,一个粒子现在在哪里,你找到它的空间坐标(x, y, z),记下现在的时间t,那么你就得到了它的时空信息(x, y, z, t),这个时空信息就对应时空图里的一个点,这就叫时空点。

同样地,你再记下它下一个时刻t_1的位置(x_1, y_1, z_1),那么它又对应了坐标系的另一个点(x_1, y_1, z_1, t_1)。所以,一个粒子在任一时刻的时间、空间信息都对应时空图里的一个点。那么,如果考察这个粒子的全部历史,你就可以得到一系列的这种时空点,这些点在时空图里就会形成一条线,这条能代表粒子全部历史的线就叫粒子的世界线。

现实生活里一个粒子有四个维度(三维空间+一维时间),那么对应的坐标轴应该也是四维的,但是我们在二维平面里勉强可以画出三维图形,对四维图形实在无能为力。为了方便起见,我们假设粒子只沿x轴方向运动,这样我们就可以不考虑y轴和z轴的情况,从而把四维的问题简化为二维,然后我们就可以很愉快地在一张二维的纸上画这二维时空图了。

我们先建立一个坐标系,横轴x代表粒子的空间信息,纵轴t

代表粒子的时间信息。为了再次简化问题，我们采用几何单位制，也就是取光速 $c=1$，然后我们再来看一些具体问题。

问题1：一个静止不动的粒子在时空图里是什么样的？或者说它的世界线是什么样的？

这个答案很容易想到，一个粒子静止不动，就是在空间上没动，那么它的 x 坐标一直为零，但是时间依然在流逝，也就是粒子的时间坐标在一直变大。所以，静止不动的粒子的世界线是一条跟 t 轴重合、垂直于 x 轴的直线（图 68-1）。

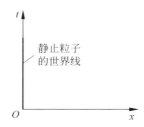

图 68-1　静止粒子的世界线跟 t 轴重合

问题2：一个匀速向右运动的粒子的世界线是什么样的？

这个也不难想象，一个匀速向右运动的粒子，它在时间轴不停往上走的同时，空间轴上也在不停地往右走，那么这个粒子的世界线应该是一条斜线。问题是，斜多少？是所有的坐标空间它都可以斜，还是有什么限制？这个问题我们先放着，先看看第 3 个问题。

问题3：一条朝右上方 45° 的斜线（如图 68-2 中的 L_1）代表了什么粒子的世界线？

我们先来算一算这个粒子的速度：我们在粒子的世界线 L_1 上取两个点，也就是假设粒子在 t_1 时刻在位置 x_1，在 t_2 时刻在位置 x_2。因为这条斜线是 45° 的，所以很显然 $x_2-x_1=t_2-t_1$，那么

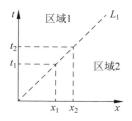

图 68-2　运动粒子的世界线

粒子的速度 $v=(x_2-x_1)/(t_2-t_1)=1$。

速度等于 1 是什么意思？我们在画图的时候采用的是几何单位制，也就是取光速 $c=1$（如果我们不采用几何单位制，那么竖轴代表的就不是 t，而是 ct，本质并没有什么不同）。现在这个粒子的速度等于 1，其实就是代表这个粒子的速度是光速，速度是光速那自然就是光子了，那么这条 45°斜线就代表了光子的世界线。

从这里我们可以看到，在时空图里，光子的世界线是倾斜 45°的斜线。我们也知道在相对论里任何有质量粒子的速度都是小于光速的，那么一个有质量的粒子做匀速直线运动的世界线该是一条什么样的斜线呢？是在区域 1 还是区域 2？

我们可以这样想一下：如果粒子的速度比光速小，那么假设粒子在 t_1 时刻在 x_1 处，那么到了 t_2 时刻它肯定到不了位置 x_2，那么这两点的连线肯定就在 L_1 的上方，也就是区域 1。其实我们也可以想像一个极端的粒子，假设这个粒子在原点不动，那么粒子的世界线就是跟 t 轴重合，粒子速度到达光速就是 45°的那条斜线，那么速度在静止和光速之间的粒子世界线自然就是在区域 1 的斜线了。

于是，现在我们知道了这样一个结论：在时空图里，45°的斜线代表了光子的世界线（如 L_1），比光子世界线更陡、更加靠近 t 轴的斜线（如 L_2）是有质量粒子匀速直线运动，或者说惯性运动（速度小于光速）的世界线（图 68-3）。

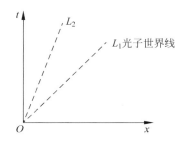

图 68-3　速度小于光速粒子的世界线

　　有了这样的基本认识，我们来用几何语言分析一下狭义相对论里入门教材里必定会碰到的问题：火车闪光问题。这个问题之所以重要，是因为它揭示了同时的相对性，也就是说在一个惯性系看来是同时发生的事件，在另一个参考系里不一定是同时发生的。爱因斯坦敏锐地发现了这点，然后借此从看似牢不可破的牛顿力学里撕开了一道口子。

69 | 同时的相对性

在牛顿力学里,时间是绝对的,所以"同时"必然也是一个绝对的词汇。在一个参考系看来是同时发生的事件,不管谁来看都绝对是同时发生的,这也是一个非常符合常识的论述。

但是,爱因斯坦用一个简单的火车实验就让人们的这个信念坍塌了,这个实验是这样的:假设地面上有一辆匀速运动的火车,在某一个时刻,地面上的观察者发现这个火车的车头和车尾同时被闪电击中。也就是说,对于地面参考系而言,闪电击中车头和车尾这两个事件是同时发生的。但是,爱因斯坦认为在火车参考系里,这两个事件就不是同时发生的。

原因也很简单,我们假设在闪电击中火车头尾的时候,在地面这两点的中点有一个观察者。这个观察者肯定会同时看到车头和车尾发过来的闪光,所以两个事件在地面系看起来是同时发生的。

但是,站在火车中间的观察者就不是这样了,因为车头车尾的闪光在向中间传播的时候,火车本身也在前进,所以火车中间的人就会先看到车头发过来的闪光,后看到车尾发过来的闪光。而相对论里光速是不变的,火车系里的光速也是 c(而不会像牛顿力学那样要考虑火车的速度),那么车头和车尾的光传到火车中间需要的时间就是一样的。两束光的传播时间相同,但火车中间的观察者却先看到车头的闪光,后看到车尾的闪光。所以,火车上的观察者就会觉得这闪电击中车头和车尾这两个事件不是同时发生的,而是击中车头的先发生,击中车尾的后发生(图 69-1)。

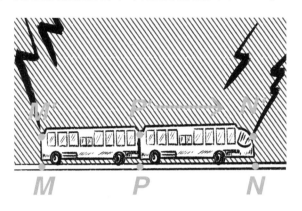

图 69-1　火车闪光实验

爱因斯坦从这个火车闪光实验出发,发现了同时的相对性,进而打开了狭义相对论的大门。这个实验比较简单,整个逻辑过程也不复杂,但是这样讲不够直观,不够具有普遍性。因为很多人会把这个实验当作一个特例来处理,也就是只有当他们意识到要讲同时的相对性的时候才会想起这个实验,平常就会把这个实验带来的同时的相对性给忘了,然后带来一系列的"相对论诡异疑难"。下面我们用几何语言来描述这个问题,看看如何让这个重要问题更直观、更具有普遍性。

我们假设闪电同时击中车头车尾(从地面系观测)的时候,火车的车尾 M'、车头 N' 刚好经过地面的 M 点和 N 点,P 点为地面 MN 的中点,P' 为火车上的中点,我们来看看怎么在时空图上描述这个闪电击中火车的问题。

我们先来看看地面上 M 点和 N 点的世界线,因为 M 点、N 点在地面上没有动,所以 M 点和 N 点的世界线都是一条沿着时间轴 t 竖直向上的直线(空间位置没动,只有时间 t 在动)。同样地,在 MN 中间的 P 点也没动,它的世界线也是一条竖直向上的直线。这 3 条线好画,那么在火车上的 M'、N' 和 P',它们都在做匀速直线运动,那它们的世界线是什么样的呢? 这个我们上一节刚好说了,做匀速运动的粒子的世界线是一条比 45° 斜线更陡的斜线。那我们把这 6 个点的世界线都画出来,不难理解应该就是图 69-2 这样(横轴为空间 x,纵轴为时间 t,这里省略了)。

下面是关键的了,怎么画车头、车尾的闪光向中点传播的过程? 我们知道,闪电击中车头车尾之后,这个事件就会向四面八方发射光信号(所以四面八方的人都能看到火车被闪电击中了),但是,其他的信号我们都不关心,我们只关心被地面中点 P 和火车中点 P' 所接收到的那一束光信号。那么,这个光信号要怎么画呢? 它们的出发点肯定在 m 和 n,那接下来呢? 这次我们再次想起了上一节中提到的:光子的世界线是 45° 的斜线。那么我们就加上这两条 45° 的世界线,最后的图就是图 69-3 这样的。

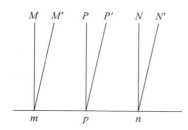

图 69-2　地面三点与火车上三点的
世界线

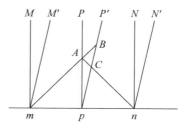

图 69-3　闪电击中车头车尾的
时空图

这两根世界线跟两个中点 P、P' 的世界线产生了 3 个交点 A、B、C,这是 3 个很有意思的点,我们来分析一下它们的物理含义。

首先是 A 点。A 点是闪光世界线跟地面中点 P 点的世界线交点，它们相交了是什么意思？纵轴代表时间，横轴代表空间，相交了就代表这两个粒子此时时间和空间信息都一样，都一样那就是相遇了啊，具体到我们这个问题就是闪光传播到了地面上的中点。因为地面没有动，M 点和 N 点到 P 点的距离又是一样的，那么车头车尾的闪光肯定同时到达地面中点，所以它们都相交于 A 点是正确的。

再来看 B 点和 C 点。B 点是车尾闪光的世界线和火车里面的中点 P' 世界线的交点，那 B 点代表的意思自然就是火车中间的观察者观察到车尾闪光这个事件。同理，C 点是车头闪光的世界线跟 P' 世界线的交点，那 C 点就是火车中间的观察者观察到车头闪光这个事件。这样看就非常明显了，纵坐标是时间轴，那么 B 事件明显就是在 C 事件之后发生的啊。

这正是同时的相对性的表现：对于地面系，它们都交于 A 点，所以是同时的；对于火车系，它们分别交于 B 点和 C 点，所以是不同时的，这在时空图里极为直观。

这里有一个事要强调一下：我们在这个火车闪光问题里虽然涉及了地面系和火车系，但是我们是一直在地面系来分析问题的。我们画的时空图，不管是地面上的点还是火车上的点，我们都是在地面系画，因为毕竟一张图只有一个坐标系嘛。那么，我们能不能在一张图里同时把地面系和火车系两个惯性系都画上呢？

答案当然是可以的。

70 | 两个坐标系

我们来具体看看这个问题：假设我们现在已经画了一个地面系的直角坐标系 x-t（图 70-1），那么我们要如何把火车系的坐标系 x'-t' 画出来？

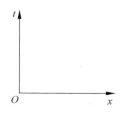

图 70-1 地面系 x-t

第一次遇到这个问题的同学可能有点无从下手，不着急，我们一步步来，我们先看看火车系的纵轴 t' 要怎么画。要画火车系的纵轴，我们先想想一个坐标系的纵轴是什么意思？我们知道如果一个点的横坐标为零，那么这个点的轨迹就是跟纵轴重合的。还记得我们前面说的静止粒子的世界线吗？静止粒子的空间坐标 x 为 0，所以它的世界线就是垂直于 x 轴，与 t 轴重合的一条直线。那么，火车系的 t' 轴自然也是在火车系里静止在原点处粒子的世界线。

这一点很重要，大家好好理解一下，也就是说我们只要把火车系处于原点处粒子的世界线画出来，我们就能得到火车系的 t' 轴。

那么,一个在火车系静止的点,在地面系看来它是在做匀速直线运动,而匀速直线运动的点的世界线,我们上面也说了,就是一条比45°更陡的斜线。所以,火车系的 t' 轴就是这样一条更陡的斜线,如图 70-2 所示:

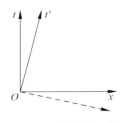

图 70-2　错误的 x 轴

　　火车系的 t' 轴画好了,那火车系的 x' 轴呢?大家可以看到我在图上用虚线画了一个与 t' 垂直的轴,这是一个"错误的 x' 轴"。为什么呢?因为这是相对论初学者极容易犯的错误。我们已经习惯了欧氏几何,欧氏几何里直角坐标系都是相互垂直的,所以到了这里很多人看到我们已经画出了 t' 轴,就立即条件反射地画一个和 t' 轴垂直的当作 x' 轴,但这是错误的,为什么呢?

　　这里我们第一次感受到了闵氏几何的异样。我在最开始花了那么大的篇幅告诉大家为什么狭义相对论要使用闵氏几何,我们也知道了闵氏几何的线元跟欧氏几何不一样(时间项前面多了一个负号),所以,我们在画时空图处理狭义相对论问题的时候,一定要意识到自己虽然是在欧氏平面里画图,但是我们画的是闵氏几何里的图形。

　　有人可能会有点疑问,我们前面不是已经用时空图解决了同时的相对性问题吗?我们不是已经把爱因斯坦火车闪光问题用时空图画出来了吗,我没感觉有什么异样啊?那只是因为那个问题比较简单：它只有一个坐标系，而且也不涉及线长的问题，所以即便在一个欧氏直角坐标系里把它画出来了，它也暂时没什么冲突。如果我们生活在一个闵氏空间里，那么我们画出的闵氏直角坐标系肯定都是相互垂直的，但是我们生活在欧氏空间里，我已经用一个欧氏空间里的直角坐标系画了一个闵氏坐标系，那么另一个就肯定不可能再是垂直的了。

这里的逻辑有点绕，大家可以细细品味，搞得不是很懂也不要紧，我接下来会把另一个坐标系画出来，大家能看懂的话，再回去看上面的一段话就明白了。

好，回到正题，我们继续来看看火车系正确的 x' 轴该怎么画。先来整体回顾一下这个事情：我们现在已经画好了地面系 $x\text{-}t$，要画火车系 $x'\text{-}t'$，火车系和地面系它有没有什么关系呢？有啊，洛伦兹变换说的不就是地面系和火车系的关系吗？什么是洛伦兹变换？比如在地面系观测到了一个粒子的位置和速度，现在想知道它在火车系里是什么情况，并不需要重新再到火车系里测量一遍这个粒子的位置和速度，只需要根据洛伦兹变换就可以直接得到火车系里那个粒子的运动情况。所以，洛伦兹变换就是两个惯性系之间的联系，只要知道了一个惯性系里粒子的运动情况，立即就可以知道其他惯性系里粒子运动的情况。所以，我们可以根据洛伦兹变换找到两个惯性系之间的联系。现在不是根据地面系的坐标轴来找火车系的坐标轴吗？我们对着洛伦兹变换改就可以了。洛伦兹变换是下面这样的：

$$\begin{cases} x' = \gamma(x - vt) \\ y' = y \\ z' = z \qquad \gamma = \dfrac{1}{\sqrt{1 - (v/c)^2}} \\ t' = \gamma\left(t - \dfrac{vx}{c^2}\right) \end{cases}$$

其中,x、y、z、t 代表地面系里观测到的,x'、y'、z'、t' 是火车系里观测到的。v 是火车系相对地面系的速度,火车的速度一旦给定了,这个 v 就是一个定值,c 是光速,所以右边的 γ 就是一个常数。如果我们再根据几何单位制来,取 $c = 1$,那么洛伦兹变换就可以简化成下面的样子:

$$\begin{cases} x' = \gamma(x - vt) \\ y' = y \qquad \gamma = \dfrac{1}{\sqrt{1 - v^2}} \\ z' = z \\ t' = \gamma(t - vx) \end{cases}$$

因为我们只考虑火车系相对地面系在 x 轴方向上的运动,所以在 y 和 z 方向上还跟原来一样,我们可以不考虑。我们现在画图也是画 x-t 图,所以我们重点关注这两个公式:

$$t' = \gamma(t - vx), \quad x' = \gamma(x - vt)$$

这是什么呢? 这不就是火车系中的 x' 和 t' 吗? 我现在要画的就是 x' 的坐标轴,也就是火车系的空间坐标轴,那怎么找到这个坐标轴呢? 这个我们前面也提过:纵坐标的那条线就是横坐标为 0 的所有点的集合,反过来也是,横坐标就是纵坐标为 0 的点的集合。所以,我们令火车系的时间等于 0,也就是纵坐标 $t' = 0$ 就能找到横坐标 x' 轴了。

那我们令 $t' = \gamma(t - vx) = 0$,因为 γ 是一个不为零的常数,所以就只有 $t - vx = 0$ 了,也就是 $t = vx$。

这在 x-t 坐标系里就是一条过原点的直线,斜率为火车的速度 v(斜率就是这条直线的倾斜程度,你可以理解为一个坡越陡斜率越大。当直线与横轴重合的时候,斜率为 0;当直线跟横轴成 45° 的时候,斜率为 1;当直线跟纵轴重合的时候,斜率为无穷大)。因为我们这里是几何单位制,光速为 1,在狭义相对论里任何有质量的物体的运动速度都是小于光速的,所以火车的速度 v 肯定是小于 1 的,也就是说这条直线的倾斜角小于 45°。

或者,我们可以用同样的方法令 $x' = \gamma(x - vt) = 0$,就能得到火车系的纵轴是这样一条直线:$t = x/v$。它的斜率是 $1/v$,因为 v 小于 1,所以 $1/v$ 是个大于 1 的数,所以这条斜线的倾斜角比 45° 要大(我们前面画的也正是这样)。这里我给出一个初中数学的结论:斜率互为倒数(比如 v 和 $1/v$)的两条直线它们是关于 $y = x$,也就是 45° 斜线对称的。所以,我们的 x' 轴是跟 t' 轴关于 45° 斜线对称的。这样我们就能精确地把它画出来了,如图 70-3 所示。

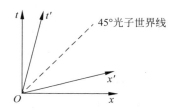

图 70-3　正确的双坐标系

第一次看到这样一个坐标系的同学可能会感觉非常别扭,为什么火车系 x'-t' 的坐标系不是正交的,不是一个直角呢?我们得这样看:它们是正交的,只不过它们是在闵氏几何里正交,我们现在强行把它画在欧氏几何里,那么肯定就看起来不正交了。

还有同学也会有疑惑,你不是说狭义相对论里惯性系都是平权的吗? 那么为什么这里把地面系画成直角的,而把火车系画成了一个小于直角的坐标系? 我要是人就在火车里,我非要把火车系画成直角的,不行吗? 行,当然行。你可以按照上面的思路把火车系画成直角的基准系,再反推过去画地面系,最终的两个图虽然形状不一样,但是实质上还是等价的。

　　理解这个双坐标系非常关键,它第一次向我们展示了闵氏几何不一样的地方。有了它,我们就可以很方便地处理不同惯性系里的一些事情,比如,我们喜闻乐见的尺缩效应。

71 | 尺缩效应

尺缩效应是狭义相对论里比较有趣的一个效应,它简单来说就是一句话:运动的物体长度会收缩,也就是动尺收缩。但是这样描述会让许多初学者心生疑惑,动尺收缩是真的收缩了还是看起来收缩了? 这是一种观测效应还是一种由光速有限造成的传播误差? 你相对尺子没动,觉得尺子没缩,我觉得缩了,那么它到底缩了没有(这是个很常见的错误的问题)?

其实,用非几何语言初学相对论的人不可避免地会遇到很多类似这样的问题。因为大家在牛顿的那一套环境里浸润久了,想一下子把思维切换过来很麻烦。而且学相对论的人最容易栽到"相对"两个字里来,该相对的东西不相对,不该相对的东西又跑去相对,最后把自己绕进去了。但是用几何语言却没有这样的烦恼,因为有很多物理量在三维的时候是相对的,在四维里就都是绝对的了。而且,几何图形清晰直白,会大大降低这类问题的难度和迷惑性。

好,现在我们来看看怎么用几何语言描述尺缩效应。

一个粒子的世界线是一条线,而一把尺子是由许多粒子组成的,所以一把尺子在时空图里留下的轨迹就应该是一个面,我们称之为尺子的世界面。我们还是以地面系为基准系,假设尺子相对地面系静止,那么尺子每个粒子的世界线都是一条平行于 t 轴的线,合起来它的世界面应该是一个有一定宽度的面。第 70 节中我们已经学会了如何把运动的惯性系画出来,我们再把相对尺子运动的参考系 x'-t'(假设为火车系)画出来,总的时空图就是这样(图71-1):

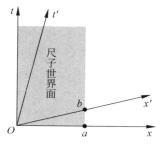

图 71-1　尺缩效应

如图 71-1 所示,阴影部分就是在地面系静止的尺子的世界面,它跟 x 轴的交点为 a,跟 x' 轴的交点为 b。那么我们很容易就能知道 Oa 就是尺子在静止地面系的长度,Ob 就是尺子在运动的火车系 x'-t' 的长度。

为什么呢?你想想 Oa 代表什么意思。Oa 就是当地面系的时间为零的时候尺子在空间 x 轴的投影,那这显然就是尺子的长度。那么,同样的道理,因为运动的火车系的坐标是 x'-t',Ob 也是当 t' 都为 0 的时候尺子在 x' 轴的投影,所以 Ob 就是运动的火车系测得的尺子长度。

所以,尺缩效应就变成了比较 Oa 和 Ob 的长度。很显然,Oa 和 Ob 的长度肯定不一样,那么到底是 Oa 长还是 Ob 长呢?

没错,我就是在问到底是 Oa 长还是 Ob 长? 可能这个时候你的脑袋是晕头转向的,明明 Oab 组成了一个直角三角形,Ob 是斜边，斜边肯定比直角边更长啊，这是初中生都知道的，Ob 比 Oa 长难道还有什么疑问吗？

没错，在欧氏几何里，斜边大于直角边这绝对毫无疑问。但是，我们始终要记住我们处理狭义相对论问题用的是闵氏几何（否则也不会出现 $x'\text{-}t'$ 这样看起来不正交的坐标系），那闵氏几何里要如何比较两条线段的长短呢？

这个时候你可能意识到了：我们在闵氏几何里连怎么定义线段的长度都不知道，更别提比较两条线段的长短了。那么，闵氏几何里一条线段的长度是如何定义、如何计算的呢？

72 | 闵氏几何的线长

    在讨论如何定义、计算闵氏几何一条线段的线长之前，许多人可能对为什么这个问题会是一个问题都心存疑惑：线段的长度不就是用尺子去量一下线段吗，为什么还需要定义？即便我不用尺子去量，在直角坐标系里把一条线段投影到 x 轴和 y 轴，假设它在 x 轴和 y 轴的投影长度分别是 Δx 和 Δy，那么我就可以利用勾股定理很简单地算出这条线段的长度 $L^2 = \Delta x^2 + \Delta y^2$。

    但是，我还是得再强调一次：你能这样做，是因为已经假设你是在欧氏几何里进行计算。只有在欧氏几何里，一条线段的长度才可以这样用勾股定理去计算，但是狭义相对论的几何背景是闵氏几何。为了让大家能更直观地了解，我们先不谈闵氏几何，我们就来看看球面几何。

    球面几何顾名思义就是在一个球面上的几何。你可以想象在一个篮球的表面，或者地球的表面上有两个点，那么，这两个点之间的距离应该是一段圆弧长，而不再是欧氏几何里的直线。你想想，在这种情况下，还能用勾股定理去计算这两点之间的距离吗？如果要硬用勾股定理去计算，那么算出来的是这两点之间的直线距离，并非在球面上的圆弧长，这显然是不对的。就好比你在地球表面计算北京到深圳的距离，用勾股定理算出来的距离是在北京地底下打一个直线隧道通到深圳的距离，这显然不是地球表面从北京直线开车去深圳的距离。

从这里我们能直观地感觉到：在不同的几何里，长度的计算方式是不一样，每一种几何都有自己度量长度的规则（也就是度规），一旦这种规则确定了，这种几何也就确定了。其实，这一点我在"线元决定几何"这一节里已经说得非常明确了，不光是线长，所有的几何性质都是由线元决定的，不同的几何拥有不同的线元，自然就拥有不同的计算线长的方式。

二维欧氏几何的线元是 $dl^2 = dx^2 + dy^2$，二维闵氏几何的线元是 $ds^2 = -dt^2 + dx^2$。二维欧氏几何里线段长度的计算公式是这样的：

$$L = \sqrt{\Delta x^2 + \Delta y^2}$$

那么，二维闵氏几何里线段长度的计算公式自然就是这样的：

$$S = \sqrt{|-\Delta t^2 + \Delta x^2|}$$

因为闵氏几何的线元的时间项前面有个负号，所以，为了避免根号里面的值出现负数从而让公式无意义，我们加了一个绝对值（它保证所有值都是非负的，比如 -5 的绝对值为 5，记作 $|-5| = 5$）的符号。

也就是说，我们在闵氏几何里是根据这个公式来计算一条线段的长度的，Δt 和 Δx 分别代表这条线在 t 轴和 x 轴的投影。这个式子跟欧氏几何的距离计算公式很类似，唯一的不同还是时间项前面的那个负号。也正因为这个负号，闵氏几何里的线长问题才会变得跟我们平常想的不一样。为了让大家熟悉一下这种新的线长计算方式，我先来举个简单的例子。

问题 4：大家还记得光子的世界线是一条 45° 的斜线吧，我们在光子的世界线里取任意 A、B 两点,那么线段 OA、OB 的长度分别是多少呢? 如图 72-1 所示:

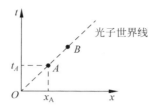

图 72-1　光子的世界线长度

我们先来看看 OA 的长度,因为这条直线是 $45°$,所以 A 点在 x 轴和 t 轴上投影的距离就是一样长的,也就是 Δt 和 Δx 的大小是一样的。但是,闵氏几何里线段长度的计算公式是它们两个的平方相减再开根号,现在这两个值是相等的,那么相减的结果不就是 0 了吗? 再开根号结果自然还是 0。

也就是说,OA 在闵氏几何里的长度为 0。

你没有看错,它的长度就是 0。你看 OA 有这么长的一段,但是它在闵氏几何里的长度却是 0,这就是那个负号带来的效果。同样地,你可以接着去算 OB 的长度,或者直接算 AB 的长度,你会发现它们的长度一样都是 0。

因此,我们得出这样的结论:光子的世界线长度恒为 0。这很反直觉吧? 我们再来看个例子。

问题 5:还是图 72-1,过 B 点作一条垂直于 t 轴的线,然后在 BC 之间任意取一点 D。那么 OC 就是静止不动的粒子的世界线,OD 就是一条匀速直线运动的粒子的世界线,OB 是光子的世界线,那么它们 3 个的长短怎么比呢?

乍一看,好像 $OB > OD > OC$。但是我们刚刚算过了光子世界线 OB 的长度为 0;OC 是静止不动的粒子的世界线,它在空间上

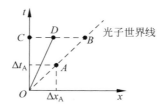

图 72-2　三条世界线进行对比

的位移 Δx 就为 0,那么 OC 的长度就是粒子在时间轴里走的长度;而 OD 在时间轴上的投影跟 OC 一样,但是它的 Δx 不等于 0,那么它们相减($-\Delta t^2+\Delta x^2$)之后的数值肯定就变小了,所以 OD 是小于 OC 的。于是,我们得到的结论与之前的感觉截然相反,三者的长度关系是 $OC>OD>OB=0$。

当我们在说时空图中某一条曲线的长度的时候,我们都要意识到我们是用闵氏几何那把尺子(时间项前面有负号)来度量曲线的长度,这跟我们平常生活里感受的(欧氏几何度量长度)是不一样的。一开始大家会非常不习惯这种方式,但是一旦习惯了就会觉得这个非常自然。

好了,这里我们介绍了闵氏几何里线长的定义和计算方法,理论上我们就可以计算任意一条线段的长度了,也能比较两条线谁长谁短了。我们在第 71 节中不就是最后把尺缩效应归结为比较两条线段 Oa 和 Ob 的线长吗?那现在可以直接对比了(图 72-3)。

我们看到 Ob 在 x 轴的投影跟 Oa 是一样长的,但是 Oa 在 t 轴的投影为 0,Ob 在 t 轴的投影却大于 0。根据闵氏几何的线长公式,线长是这个线段在时间轴 t 和空间轴 x 投影长度平方相减再开根号。既然两条线段 Oa 和 Ob 在空间轴 x 上的投影都一样,那么在时间轴 t 上投影长度越长的,相减之后得到的值就越小,那么最后的线长就越短。

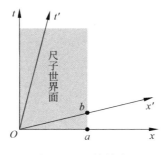

图 72-3 尺缩效应 1

因此,在闵氏几何里,Ob 是比 Oa 更短的。而 Ob 代表的是运动参考系下尺子的长度,Oa 是静止参考系下尺子的长度,既然 Ob 比 Oa 更短,那么就是说在运动参考系里尺子的长度更短,这就是我们常说的尺缩效应。

这里我们是直接用线长的计算公式算出 Oa 和 Ob 的长度后再来做比较,虽然算出来了,但是可能并不直观。在许多教材和文章里都会提到另外一种看起来更直观的比较方式,那就是使用校准曲线,很多人也经常看到但并不明白,我这里就一起讲一下。

73 | 校准曲线

　　校准曲线其实是回答了这样一个问题：闵氏几何里，到原点距离相等的点组成的轨迹是什么？

　　老规矩，我们先看看欧氏几何的情况。在欧氏几何里，到原点距离相等（比如说都等于2）的点组成的轨迹是什么呢？这个我们都知道，这就是一个圆，到定点的距离等于定长的点的集合就是圆，这个定点就是圆心，这个定长就是半径。

　　在欧氏几何里，如果一个点 (x, y) 到原点的距离为2，那么，根据勾股定理我们就可以很容易写出下面的关系：$x^2 + y^2 = 4$。而学过一点儿解析几何的人都知道，这就是圆的坐标方程。

　　那么，再回到闵氏几何，在闵氏几何里到原点的距离为2的点组成的轨迹是什么呢？其实也简单，我们不是已经有闵氏几何的距离公式了吗？代入进去就行了，因为是求到原点的距离，所以 Δx 和 Δt 就分别是点的坐标 x 和 t，如下式所示：

$$S = \sqrt{|-\Delta t^2 + \Delta x^2|} = \sqrt{|-t^2 + x^2|} = 2$$

我们把两边平方展开就得到了：

$$x^2 - t^2 = 4$$

大家对比一下，这个 $x^2 - t^2 = 4$ 跟我们在欧氏几何里圆的方程只有一个符号的差别(因为坐标轴不同,作为纵轴 t 和 y 是完全等价的)。这个式子,学过高中数学的同学一眼就能看出来这是一条双曲线,没学过或者忘了的可以自己去找一些具体的点描上去[找一些 x 的值,然后去算 t 的值,最后把 (x,t) 组成的点画到坐标系上去,看看轨迹是什么]。我这里给大家画了一个图(图 73-1),大家可以看看,双曲线大致就是这么一个形状:

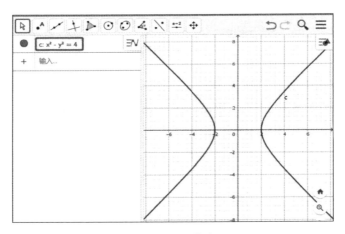

图 73-1　双曲线

我们先不用管双曲线在欧氏几何里的各种几何意义,先想想是怎么得到这个图的? 我们是在闵氏几何里找与原点距离相等(这里等于 2)的点的集合,也就是说,你别看这个曲线是弯弯曲曲的,但是在闵氏几何里,这个曲线里所有的点到原点的距离都是相等的,都等于 2。

因为这种曲线上所有点到原点的距离都相等(闵氏几何下),所以我们就可以用这种曲线当作一个标准来校准,这就是把它叫校准曲线的原因。还是那个尺缩效应的图,这次我们用校准曲线来看一下(图 73-2)。

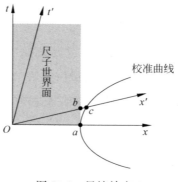

图 73-2　尺缩效应 2

　　大家看到,我加了一条过 a 点的校准曲线,我们假设它跟 x' 轴交于 c 点。这样就非常清楚了,什么是校准曲线?校准曲线就是闵氏几何里到原点的距离都相等的点,因为 a 和 c 都在曲线上,所以,在闵氏几何里 Oa 和 Oc 的长度是相等的,也就是 $Oa=Oc$。而 b、c 两点都在 x' 轴上,很显然的 $Ob<Oc$,合起来就是 $Ob<Oc=Oa$,那我们就很自然地得到了 Ob 的长度比 Oa 更短的结论。

　　而 Oa 就是在静止的地面系观测到尺子的长度,Ob 是在相对尺子运动的火车系上观测到尺子的长度。我们得到的结论是 $Ob<Oa$,这不就是说在运动的参考系里观测到的尺子的长度更短吗?完美符合尺缩效应的结论。

　　从这里我们也能看到,尺缩放应并不是由光速有限而造成的视觉效应,因为时空图里压根就没有提到任何与眼睛、光线传播相关的东西,尺子在一个参考系里的长度也跟光线的传播方式无关。如果大家想进一步了解这个问题,可以看看拓展阅读 02:《当相对论说动尺收缩时,它是如何测量的?》。

　　在狭义相对论里经常跟尺缩效应一起出现的还有一个钟慢效应,它说相对钟运动的参考系观测钟的时候会觉得它走得更慢一些,也就是动钟变慢(这个不同于广义相对论里引力钟慢效应所说的引力越大,时间越慢)。钟慢效应和尺缩效应在时空图的处理上是类似的,所以我这里就不说了,大家可以自己去画一下,想知道答案的可以参考梁灿彬老师《从零学相对论》的 4.2 节。

接下来,我们来看一个狭义相对论里让无数新人头痛不已,也让无数科普者无比心烦的一个问题。这个问题用几何语言处理极为简单,但是读者不认,他们不太了解闵氏几何,更无法理解几何图形里代表的物理实质,你凭什么用这个就代表了那个? 但是,这个问题如果用传统的代数语言讲就极为复杂,而且逻辑非常绕,一不小心就在各种相对里面把自己都绕进去了,分析它简直是对智商的极大挑战。没错,这就是大名鼎鼎的"双生子佯谬"问题。

74 | 双生子佯谬

双生子佯谬的描述倒是非常简单：假设地球上有一对双胞胎，有一天哥哥驾着宇宙飞船去太空里飞了一大圈再返回地球。那按照狭义相对论，我们就会发现哥哥再次回到地球的时候会比弟弟更年轻。比如说，哥哥从地球出发的时候，这对双胞胎都是 20 岁，现在哥哥在太空飞了一圈再回来之后，有可能弟弟已经 30 岁了，哥哥才 25 岁。当然，这个具体的数字依赖于特定的飞行情况，但哥哥肯定会比弟弟年轻。

这个问题的争议点在哪儿呢？它的争议就在于：狭义相对论里有钟慢效应，也就是说运动的物体的时间会变慢。那么似乎可以说哥哥离开地球在太空里运动了一圈，所以哥哥是运动的，那么哥哥的时间会变慢，回到地球更年轻好像说得通。但是，运动不是相对的吗？站在地球上觉得是哥哥在动，那么站在飞船的角度来看，也可以觉得是弟弟（包括整个地球）在远离然后又靠近，那么运动的那个人就是弟弟，因此弟弟的时间更慢，兄弟见面的时候应该弟弟更年轻。这样不就前后矛盾了吗？

双生子问题是一个佯谬，佯谬就是说它看起来是错的，是矛盾的，但其实是没问题的。也就是说，如果我们真的有这样一对双胞胎，哥哥去外面流浪了一圈再回到地球，他是真的会更年轻。但是,这样的话,我们要如何解释后面那种矛盾的说法呢? 也就是说,站在飞船上哥哥的角度来看,运动的明明是弟弟和地球,为什么不可以认为弟弟和地球才是那个时间变慢的呢?

有人意识到是加速减速这个过程在作怪,但是加速减速一样可以说:在飞船上看,地球也是加速远去,再加速回来。然后有人说这里有加速度,就应该把广义相对论搬进来解释,在这条邪路上走得更远的人甚至说:哥哥不是在加速运动吗? 等效原理说加速度等效于引力,所以哥哥在加速的过程中产生了引力,而广义相对论又说引力是时空弯曲,那么哥哥加速使得时空弯曲了。

其实,双生子佯谬不仅是让许多初学者疑惑,在相对论的几何语言普及之前,许多物理学家对它也是头疼不已。到了 20 世纪 50 年代还有人在争论这个,物理学家们的争论不是像我们这样在群里或者论坛里发表一下意见看法,他们是发文章到《自然》《科学》这样的顶级学术杂志里进行辩论,所以你可以想象一下那时的情况。但是,当几何语言普及之后,物理学界几乎就没人再因为这个争论了,因为在几何语言下,这个问题简直简单得不像话,它就跟 2+2=4 一样清晰简单,那还有什么好吵的。

为什么几何语言可以如此大幅度地降低双生子佯谬的难度呢? 这里就涉及学习相对论里非常重要的一个事:学习相对论最重要的就是要分清楚相对论里哪些是相对的,哪些是绝对的。你要是看这个理论的名字叫相对论,就认为什么都是相对的,那就错了。其实相反,狭义相对论的两个根基"光速不变"和"相对性原理"都是绝对的:前者说光速是绝对的,后者说物理定律的形式是绝对的,这其实是一个不折不扣的"绝对论"。

我们再回过来想一想,双生子佯谬到底为什么这么麻烦? 不就是因为滥用相对,认为什么都可以相对,所以站在哥哥的立场或弟弟的立场应该都一样从而导致了佯谬吗？那为什么我们使用几何语言可以轻松把这个问题厘清呢？因为我们在使用几何语言的时候，我们是把三维空间和一维时间看作一个整体的四维时空。用三维眼光看世界，三维空间和时间都是相对的，但是四维时空却是绝对的。当我们站在更高的维度（四维时空）里看问题的时候，那些因为相对产生的各种问题就自然消失了。所以，使用几何语言思考相对论，是站在更高的维度上看问题，这是一种思维方式上的降维打击。

如果想体会一下三维语言处理双生子问题的复杂度，可以看看我之前写过的一篇《双生子佯谬过程全分析》，其处理问题之麻烦，逻辑之烧脑简直无法言喻。虽然我已经尽量使用清晰通俗的语言来说这个问题了，但是读者的问题还是跟雪花一样飞过来。最开始我还比较耐心地一个个解释，后来就实在受不了了。要把这个问题彻底解释清楚，少则一两个小时，多则一下午，太费时费精力了。而且，要理解许多人的问题都非常困难，因为要提出一个正确的相对论的问题也需要一定基础，有些同学相对论的基础知识不牢，提的问题就存在问题，那还怎么去解答呢？

这就像是游戏里的初级玩家上来就想要去打终极 BOSS，下场自然可想而知，这也是我为什么现在就这么着急地来讲几何语言的一个原因：我实在不想再回答三维语言的双生子问题了。而且，把自己局限在这几个效应和佯谬里，也不是什么好事，因为讲相对论的人虽然经常讲这几个效应，但是这些东西绝非相对论的精髓，大家早点从这些框框里跳出去，去感受一下相对论里更精妙的东西才是好事。

75 | 双生子佯谬的几何解释

好，我们下面来看看从几何语言是如何降维解决双生子佯谬的问题的。我们先假设地球做惯性运动（忽略地球自转和引力场等），以地面系为基准系，我们在时空图里画一画哥哥和弟弟的世界线。

弟弟的世界线简单，因为他一直待在地球没动，所以他在空间坐标里没动，流逝的只有时间。那么，弟弟的世界线就是一条跟 t 轴平行的直线。

哥哥的世界线稍微复杂一点，但是也很容易。哥哥从地球出发，去太空流浪了一圈再返回地球，这其中的过程无非是先加速远离地球（加速之后有没有匀速我们不用管），太空里飞了一段时间要掉头返回地球，那么其中必定先减速，再反向加速驶向地球，最后还要减速降落在地球上。因为匀速运动的世界线是一条斜线，所以加速运动的世界线就是曲线了。我们用 a 表示哥哥离开地球这个事件，b 表示哥哥返回地球跟弟弟见面这个事件，那么这个时空图就大致是图 75-1 这样的。

问题来了，时空图在这里，两兄弟的世界线也都画出来了，那么，如何从图中判断两兄弟谁更年轻呢？时空图里纵轴是时间轴，单从时间轴来看，两兄弟的世界线在时间轴的投影刚好是一样长

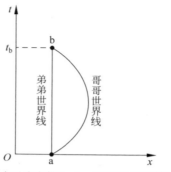

a—哥哥离开地球事件；b—哥哥返回地球事件。

图 75-1　时空图

的,那么是不是这样就代表两兄弟经历的时间是一样长的呢? 如果他们经历的时间一样,那么重逢时两兄弟的年龄就应该一样大啊,那怎么还会有双生子佯谬呢? 这显然跟事实不符。

那么这个时间到底要怎么看呢? 我们先来想一想,我们要判断地球重逢时谁更年轻,其实就是判断在事件 a 和事件 b 之间两兄弟谁自己经历的时间更长,我这里特别强调是自己经历的时间,为什么要这样强调? 在牛顿力学里,时间是绝对的,全世界的人都共用一个时间,因此这么说是多余的。但是,在相对论里时间是相对的,不同参考系对时间的测量也是不一样的(正因如此洛伦兹变换里两个系的时间 t 和 t' 是不相等的),那么在哪个参考系测量的时间可以表征一个人的真实年龄变化呢? 或者换句话说,哪个时钟可以表征一个人年龄的真实变化呢?

答案显而易见:只有一直跟自己处于同一个参考系的时钟测量的时间才是自己年龄变化的真实时间。也就是说,只有我口袋里那块表的走时才是真正跟我的年龄增长对应的,我们把这个自己随身携带的时钟测量的时间称为固有时。相对论里时间是相对的,伦敦的那口大笨钟跟我不在一个参考系,凭什么说它的走时测量的是我的时间?

想通了这点,上面的事情就好理解了:我们把哥哥和弟弟的世界线都投影到时间轴,这其实得到的是地面系的时钟测量哥哥和弟弟经历的时间,这钟相等没有任何意义。我们得用地面系的时钟测量弟弟的时间,再用飞船系的时钟(也就是哥哥随身带的时钟)测量哥哥经历的时间,也就是哥哥的固有时,这样对比才行。

那么,根据时空图和世界线,我们要如何得到哥哥的固有时呢?

76 | 世界线和固有时

　　在这里，我先给出这个极为重要的结论：世界线的线长等于固有时。

　　这句话很短，但意思却很明确，就是告诉我们时空图里那个粒子的世界线的线长就表征了粒子的固有时，也就是跟粒子一直保持相对静止的时钟测量的时间。在双生子佯谬的时空图里，哥哥和弟弟的世界线都画出来了，那么我们可以求出他们的线长。既然，说世界线线长等于固有时，那我们要比较哥哥和弟弟的固有时，直接比较他们的世界线线长。

　　如果我们知道上述结论，那么双生子佯谬这个问题就简化为比较哥哥和弟弟世界线的线长，谁的世界线长谁经历的时间就多，那谁就更老，于是问题就相当简单了。因此，现在问题的关键就是如何理解上面的结论：为什么在闵氏时空里世界线的线长会等于固有时呢？

　　这个问题我们可以这样理解：固有时是什么？固有时就是自己随身带的时钟测量的时间，说得再准确一点，那就是跟自己一直处在同一个参考系里的时钟测量的时间。因此，如果一个时钟始终跟你处在同一个参考系里，它自然觉得你一直是静止不动的。比如，在飞船里的哥哥虽然要经历加速减速运动，但是从在飞船里的人和时钟看来，哥哥一直坐在那里没动。

那么，重点来了：时钟觉得你不动，其实是觉得你在空间里没动，也就是说觉得你在空间上的位移为零。那么，你在时空（时间＋空间）里移动的间隔就将全部由你在时间上的间隔贡献（因为空间上没动，间隔为0）。

什么意思？我们再来理一下时空间隔这个概念：狭义相对论统一了时间和空间，用时空图上的一个点表示发生在某个时间某个空间上的一个事件，那么两个事件肯定就表示为时空图上的两个点，这两个点之间的距离（闵氏距离）就是这两个事件的时空间隔。而且，我们还反复强调了，闵氏几何里的时空间隔，就跟欧氏几何里的空间间隔一样，它是不会随着参考系的变化而变化的。也就是说，只要发生了两个事件，那不管我是在地面系看，还是在飞船系看，这两个事件的信息虽然不一样，但它们的时空间隔一定是一样的。

在欧氏几何里，欧氏线元是 $\mathrm{d}l^2 = \mathrm{d}x^2 + \mathrm{d}y^2$，所有在 x 轴上相隔 $\mathrm{d}x$，y 轴上相隔 $\mathrm{d}y$ 的两个点的空间间隔，或者说空间距离也就是 $\mathrm{d}l^2 = \mathrm{d}x^2 + \mathrm{d}y^2$。同样的道理，在闵氏几何里，闵氏线元是 $\mathrm{d}s^2 = -\mathrm{d}t^2 + \mathrm{d}x^2$，所以，在时间上和空间上分别相差 $\mathrm{d}t$、$\mathrm{d}x$ 的两个事件，它们之间的时空间隔也就是 $\mathrm{d}s^2 = -\mathrm{d}t^2 + \mathrm{d}x^2$。

我们现在想知道固有时，也就是想知道跟自己处在同一个参考系里的时钟的走时。上面我们已经分析了，在自己所处的参考系里，肯定觉得自己是静止的，也就是空间间隔 $\mathrm{d}x = 0$。因为时空间隔是 $\mathrm{d}s^2 = -\mathrm{d}t^2 + \mathrm{d}x^2$，把 $\mathrm{d}x = 0$ 代入进去我们就能得到 $\mathrm{d}s^2 = -\mathrm{d}t^2$。这就是在上面说的，自己参考系里的时空间隔全部由时间间隔贡献的意思。

有了 $\mathrm{d}s^2 = -\mathrm{d}t^2$，事情就明朗了：$\mathrm{d}t$ 就是在自己所在参考系

里的时间流逝,而 ds 是时空间隔,也就是时空图上两点的距离。这个微分符号 d 就是在告诉我们这是两个间隔无穷小的事件,如果我们把许多无穷小的这种事件累积起来(也就是对 $ds^2 = -dt^2$ 做积分运算),那么 dt 累积起来就是时钟流逝的时间,也就是固有时;而把 ds 累积起来,也就是把所有相邻时空点之间的距离累积起来,那得到的就是时空图里这条世界线的长度。

这就无可辩驳地向我们证明了:世界线的长度等于固有时。

其实,只要我们理解自己相对于自己所在的参考系肯定在空间上是静止的,那以时空间隔全部由时间间隔贡献;而时空间隔就是时空图里两点的距离,这个距离累积起来就是世界线的长度,而时间间隔累积起来自然就是这个参考系里流逝的时间就行了。上面做的各种简单的计算,无非就是从数学上更加严格地证明了这一点而已。

想通了这点,就会觉得其实"世界线长等于固有时"是很正常的事情,在一些相对论的教材里,他们甚至直接拿这个来定义标准钟。也就是说,他们不会向你解释为什么"世界线长等于固有时",而是直接告诉你"只有世界线的线长等于固有时的钟才是标准钟",才是准确的钟,否则你的钟是有问题的。可见,在大家眼里,这个结论实在是非常自然的。

77 | 双生子佯谬之完结篇

如果我们能够理解"世界线的线长等于固有时",那么困扰大家多年的双生子佯谬就瞬间变成了一个极其简单的问题。我们再来看看双生子佯谬的时空图。

比较两兄弟重逢时谁的年龄更大,也就是比较他们两个的固有时,也就是比较哥哥和弟弟世界线的线长。那么,他们两个的世界线谁的更长呢?

其实这根本都不用去定量计算,一眼就能看出弟弟的世界线更长,因为闵氏几何里线段长度是时间和空间项的平方相减之后再开方得到的。这个求线段距离的公式我们前面也说了,其实就是闵氏线元稍微处理一下,如下式:

$$S = \sqrt{|-\Delta t^2 + \Delta x^2|}$$

所以,如果两条线在时间轴上长度一样(比如哥哥和弟弟的时间都是从 a 到 b),那么在空间上走得越多的它的总线长就越短。弟弟静止没动,他的世界线是完全平行于 t 轴的,在 x 轴上都没有任何分量,也就是 $\Delta x = 0$,所以他的世界线肯定是最长的。哥哥因为去太空飞了一圈,所以空间上的分量 $\Delta x > 0$,那最终得到的 S 值肯定就比弟弟的更小了。

我们可以想象一个最极端的情况,我们假设哥哥以光速运动,那么他在空间上走得距离就最大。而我们知道光子的世界线长度为 0,所以这时候哥哥的世界线长度就是最小值 0 了,0 肯定比弟弟的世界线长度更小吧。

如果大家对这种粗略的讨论不放心,我们可以换种更精确的方式讨论。如图 77-1 所示,我们把弟弟和哥哥的世界线用很多平行于 x 轴的虚线分隔开,如果我们的分割线足够多,那么在每一个小段里哥哥的世界线就可以近似看作一条斜线,而他世界线的线长是显然比弟弟世界线里的那一小段短(这我们在上面已经给过结论)。由于每一小段里哥哥的世界线都更短,那么累加起来的总世界线肯定还是更短。

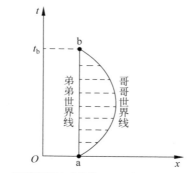

a—哥哥离开地球事件; b—哥哥返回地球事件。

图 77-1 两兄弟的世界线

总之,大家如果理解闵氏时空的线长计算公式,我相信理解哥哥的世界线更短是非常容易的,而世界线更短就意味着自己经历的时间(固有时)更短,那么重逢时哥哥就更年轻。这样,双生子佯谬就是很明显的事情了。

于是,我们发现让我们头疼不已的双生子佯谬就这样被解决了。在几何语言里，复杂的双生子问题被简化到仅仅比较一下两兄弟的世界线的线长就行了，而只要我们理解在闵氏几何里计算线长要用闵氏几何的方式（$ds^2 = -dt^2 + dx^2$）去度量就没什么问题了。其实，你也不用觉得奇怪，把代数问题几何化之后使问题难度大幅降低并不是什么奇怪的事情，我们在初中、高中的数学里，不也经常借助画图去理解函数、方程的性质吗？

这样处理问题虽然是简单了，但是细心的人还是会有疑虑，他觉得：虽然在这个以地面为基准系的时空图里确实严格地证明了哥哥的世界线更短，所以他回来的时候更年轻。但是如果不以地面系为基准系呢？如果在其他的参考系里来看，来画时空图，比如要是站在哥哥飞船的视角来画时空图，那结果会不会又不一样呢？大家觉得双生子佯谬难以理解，就是因为可以站在弟弟的角度，也可以站在哥哥的角度，这样一相对就没完没了了。

这在以前的思维里确实是大问题，但是，在几何语言里这就不是问题了。为什么呢？因为线长是一个几何量，这种几何量是不会随着坐标系的变化而变化的（因为它们是根据线元定义的，而线元在不同的坐标系里都是一样的），也就是跟坐标系的选择无关。这一点我们在二维欧氏几何里也可以非常清楚地感觉到：在二维欧氏平面里有一条线段，那么这条线段的长度就是固定的。不管你是上下左右移动这个直角坐标系，还是顺时针、逆时针旋转这个直角坐标系，线段的长度始终都是一样的，这一点相信不难理解。

那么，同样地，在闵氏几何里，不论你选择哪个惯性系作为基准系，一条世界线的线长都是一样的。也就是说只要哥哥的世界线在一个参考系里比弟弟的世界线短，那么它在所有的惯性参考系里都比弟弟的世界线短。这就跟在欧氏几何里一根木棒只要在一个直角坐标系里比另一根木棒长，它在所有的直角坐标系里都比后者长一样的道理。

其实，我们再仔细想一下，当初我们为什么选择闵氏几何来描述狭义相对论？不就是因为我们发现在洛伦兹变换下，也就是在惯性参考系之间不论怎么相互转换，$ds^2 = -dt^2 + dx^2$ 作为一个整体它的值是不变的吗？然后我们以 $ds^2 = -dt^2 + dx^2$ 为线元建立了闵氏几何，闵氏几何里曲线的长度就是根据这个线元来定义的。所以，世界线的长度在不同的参考系里肯定就是一样的，我们也没必要舍近求远，去选择更复杂的参考系。

我们前面铺垫了那么多，目的就是告诉大家：在狭义相对论里，虽然不同参考系的时间间隔和空间间隔可能不一样，但它们组合在一起的时空间隔却是一样的。世界线的线长也是一个绝对量，它也不随参考系的变化而变化，只要在一个参考系里证明了哥哥的世界线更短，那在其他参考系必然也会得到同样的结论，不信你可以自己去试一下。

就好像我们在三维空间计算一根木棒的长度，你可以选择一个很简单的笛卡儿坐标系，也可以选择一个非常复杂的坐标系。但是，一旦你在笛卡儿坐标系里算出了这跟木棒的长度，不论你再选什么复杂的坐标系，它的计算结果必然和在笛卡儿坐标系里算的结果一样，因为这个长度在三维空间里是一个不变量，它不随三维空间里坐标系的变化而变化。同样地，在四维的闵氏几何里，时空间隔是一个不随参考系变化的量，世界线的长度也是。所以，只要在地面系算出哥哥的世界线更短，那在其他任何参考系里计算这个量，结果必然也都是一样的。也可以在飞船系里做计算，只是这个过程会非常复杂，但它的结果必然是一样的。

这样，我们就能消除那个疑惑，放心大胆地说哥哥的世界线更短了。

于是,用闵氏几何讨论双生子佯谬的问题就全部结束了。其实,只要把几个关键的弯转过来,你就会发现双生子佯谬其实是非常简单的一个问题,它完全不值得我们花费那么多的时间精力在这里绕来绕去,但是不使用几何语言,这好像也是没办法的事,太复杂了。相对论还有非常多精彩的东西等着我们去探索发现,在双生子这棵小树上把自己"吊死"了岂不可惜?闵氏几何虽然看上去有点怪异,但是当我们顺着思路慢慢看的时候,就会发现它其实也没那么奇怪,它不过就是在欧氏线元的前面加了一个负号而已,其他的逻辑跟欧氏几何都几乎一模一样。

78 | 结语

　　这一篇主要是想让更多人了解闵氏几何，了解闵氏几何是如何处理狭义相对论里的问题的，最好是让读者都能开始习惯用几何语言来讨论相对论的问题。

　　我不想直接告诉你定义，然后告诉你如何用闵氏几何处理这个或那个问题，因为这样做很多人会不服气，凭什么相对论的问题可以转化成这样的几何问题？为什么闵氏几何里的这个就对应了相对论里的那个问题？因为闵氏几何并没有那么直观，把狭义相对论翻译到闵氏几何并不像我们把一个图形画到黑板上那么显而易见，所以我必须先把自己的知识清空，从头、从零一点点地开始讲，让大家自然地切换到闵氏几何中来。

　　此外，我这里写的内容仍然是科普性质的，重点是想让大家了解闵氏几何处理狭义相对论问题的核心思想，因此，我不会像教科书一样把各个概念和术语都写出来。相反，为了降低大家理解的难度，能不用术语的地方我尽量不用术语，能不写公式的地方尽量不写公式，这真的只是一个闵氏几何的入门篇。大家如果想更全面深入地了解相关内容，可以去找专业的闵氏几何和相对论的教材，这里我推荐北京师范大学梁灿彬老师的《从零学相对论》（入门篇）和《微分几何入门与广义相对论》（高级篇），需要配套教学视频的读者，可以在我的公众号后台回复"梁灿彬"或者"梁老师"。把闵氏几何的这一篇看懂了，再去看《从零学相对论》应该会很容易，更深入的问题我们后面再说。

最后，长尾君希望大家能和闵氏几何搞好关系，毕竟，后面还有更多更精彩的话题都指着它呢。

拓展阅读

01 | 斐索流水实验，以太理论和相对论的交锋

1950 年，爱因斯坦与香克兰教授谈话时，说对他创立狭义相对论影响最大的实验，就是光行差实验和斐索流水实验。

我在第 2 篇的"斐索流水实验"中做了一个简单的介绍。并且说这个实验结果跟菲涅尔的部分曳引假说符合得非常好，人们也因此对菲涅尔的以太理论信心大增。

不知道大家看到这里时有没有疑问：不是说相对论把以太抛弃了吗？如果以太理论是错误的，那为什么菲涅尔的部分曳引假说还能跟斐索流水实验符合得非常好呢？如果这个以太理论对流水实验的解释是正确的，那狭义相对论怎么看待这个实验呢？

在前面，为了保证话题的一致性和连贯性，我没有说太多关于斐索流水实验的事，这里我们来仔细说说。

斐索流水实验

斐索流水实验的原理非常简单：让一束光顺水运动，一束光逆水运动，再通过干涉图案来对比两束光运动的时间差。

不过，菲涅尔并没有直接使用两束光，而是利用一个弯曲的水

管就达到了目的。我们可以看一下简单的实验光路图(图 21-1)。

因为水管是弯的，所以上方的水向左流动，下方的水向右流动。所以，上方的光线逆着水流运动，下方的光线顺着水流运动。当两束光线再次相遇的时候，我们就可以观察它们的干涉图像。

接下来，好戏开场。

三种以太理论

19 世纪初，随着光的波动说逐渐被人们接受，大家仿照水波、声波等机械波，认为光也应该有一种介质。正是这种介质的力学作用形成了光波，而这种介质就被称为以太(第 2 篇里有详细介绍)。

按照当时的设想，虽然真空中也有以太，但地球上的仪器总是处于大气层的介质当中。所以，我们必须先研究运动介质中的光速是多少，这就牵扯到运动介质和以太之间的关系。

在当时，描述运动介质和以太之间关系的假说有 3 种：

(1) 介质完全拖动以太(斯托克斯的完全曳引假说，1845 年)。

(2) 介质完全不拖动以太。

(3) 介质部分拖动以太(菲涅尔的部分曳引假说，1818 年)。

完全拖动以太和完全不拖动以太都好理解，就是字面上的意思。前者认为运动介质在以太中运动就像推土机推土那样会把以太全部推走，后者认为就像纱网在水里运动一样，对以太完全没影响。

事实上，影响最大是菲涅尔的部分曳引假说。即认为运动介质在以太中运动，它既不是一毛不拔，也不是把以太全部打包拖走，而是只拖走一部分。

拖走多少呢？菲涅尔说这跟介质的折射率有关。折射率越大,拖走的以太就越多,具体的拖曳系数是 $1-1/n^2$(n 是介质的折射率)。

比如,空气的折射率大约是 1。那么,空气的拖曳系数就是 $1-1/1=0$,也就是说空气基本上不会拖曳以太。水的折射率大约是 1.33,那么水的拖曳系数是 $1-1/1.33^2 \approx 0.43$。也就是说,如果水以速度 v 相对以太运动,就会拖着以太以大约 $0.43v$ 的速度运动。

相信这个也不难理解。

菲涅尔的解释

好,那我们再回到斐索流水实验。

一如既往,我对实验细节不做过多的描述。相信大家也不喜欢在科普书里看到一大堆如何摆放实验仪器、如何描述实验光路图的内容。

斐索流水实验的核心,就是让一束光顺水运动,一束光逆水运动,然后通过干涉图案来测量它们由速度不同导致的时间差。

为什么会有时间差呢?

根据菲涅尔的部分曳引假说,水流在运动的时候,会拖着以太跟它一起运动,并且拖曳系数 k 就是 $1-1/n^2$(n 为水的折射率,约为 1.33)。

所以,如果水流的速度为 u,那以太就会被水流拖动着以 $ku(k=1-1/n^2)$ 的速度运动。如果以太在运动,那么光的速度当然也会跟着变化。光在真空中的速度是 c,在水中的速度就是 c/n(n 为水的折射率)。

不难想象,如果光线逆着水流运动,那么地面上观测的速度就是光在水中的速度(c/n)减去以太被拖曳的速度(ku),即 $(c/n)-ku$。

如果水管的距离为 l,那逆水光线运动的时间 t_1 就是

$$t_1 = \frac{l}{(c/n) - ku}$$

同理,顺水运动光线的速度就应该是光在水中的速度(c/n)加上以太被拖曳的速度(ku),即$(c/n) + ku$。

那么,顺水光线的运动时间t_2就可以表示为

$$t_2 = \frac{l}{(c/n) + ku}$$

在这种情况下,两束光波再次相遇时会形成一定的干涉条纹。

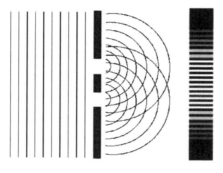

光的干涉现象

如果我们让流水反向,也就是让出水口变进水口,进水口变出水口。那两束光运动的时间就会发生改变,于是它们形成的干涉条纹也会发生改变,具体表现就是条纹会移动一点点。

我们假设流水反向后,条纹移动的数目为ΔN,它和时间差$t_1 - t_2$之间有这样的关系(ν表示光的频率):

$$\Delta N = 2\nu(t_1 - t_2)$$

公式怎么来的我这里就不细说了,感兴趣的读者可以自己根据光学知识推一推。

总之就是,水流反向后条纹移动的数目就跟顺水、逆水运动的时间差有关,而t_1、t_2我们在前面都算出来了。把所有的公式以及

拖曳系数 $k = 1 - 1/n^2$ 代入进去,略去高阶项,我们可以得到条纹移动的数 ΔN:

$$\Delta N \approx \frac{4lu}{\lambda c}(n^2 - 1)$$

在斐索的具体实验里,长度 $l = 1.487\text{m}$,流水的速度 $u = 7.059\text{m/s}$,黄光的波长 $\lambda = 5.26 \times 10^{-7}\text{m}$,水的折射率 $n = 1.33$,c 为真空中光速。

把所有的数据都代进去后发现:理论预测的条纹移动数 $\Delta N = 0.2022$,而实际观测到的条纹移动数 $\Delta N = 0.23$,两者符合得非常好。

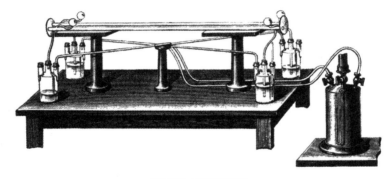

斐索流水实验装置

也就是说,我们假设以太会被流动的水部分拖曳(拖曳系数跟折射率有关),这样得到的结果跟实验符合得非常好。

那么问题来了,菲涅尔的理论能很好地解释斐索流水实验,但这个理论是基于以太的。它认为以太会被流水部分拖曳,然后才能合理地解释这个实验。(其实还是有点小问题的。比如,大家看到这个条纹数居然和波长有关,那么,难道黄光和紫光对应的以太还不一样吗?)

但是,大家都知道相对论里是没有以太的,爱因斯坦把以太抛弃了。

既然相对论里没有以太了,那在相对论里要如何解释这个实验呢? 既然相对论里没有以太,那为什么我们使用以太理论好像也能解释这个实验呢?

这是一个很有代表性的问题,我想借用斐索流水实验跟大家聊一聊。

以太理论与相对论

面对一个实验事实,我们可以用不同的理论去解释它,比如菲涅尔的理论和狭义相对论都能解释斐索流水实验。那我们为什么最后要选择相对论呢? 为什么我们认为相对论是比部分曳引假说更好的理论呢?

因为菲涅尔的理论只能解释一阶实验,而相对论可以解释所有阶的实验,也就是说相对论的精度更高。

菲涅尔的理论虽然能解释斐索流水实验,但是还有其他的实验它无法解释,但相对论都能解释。所以,相对论的适用范围更广。

菲涅尔的理论虽然能解释斐索流水实验,但还是有点问题的(比如上面说的不同波长导致不同以太的问题),这样它的理论内部会出现一些自相矛盾的地方,也就是不自洽。但是相对论内部是自洽的,它不会出现理论内部的自相矛盾。

所以,我们选择了相对论。

我们选择相对论,并不是因为相对论是真理,是绝对正确,是金科玉律不容置疑的。而是因为,相对论是我们目前描述宇宙的理论里,精度最高、适用范围最广、跟各种可观测的实验符合得非常好、理论内部也非常自洽的理论。

用梁灿彬老师的话讲就是,它 so far so good(到目前为止还不错)。

鉴于经常有人声称自己推翻了相对论,说他们创造了一个更伟大的理论。他们通常是这样开始介绍:相对论里面的××××不对,根据××××,相对论里的这个概念是大错特错的。世界应该是这样描述的,用××××来解释,用××××来重新诠释物理……

但是,当我们开始追问:"既然你说你的理论比相对论更厉害,那么,你的理论的预言精度比相对论更高吗? 某些相对论无法精确描述的东西,你的理论能精确描述吗?"

回答:"不能"。

"你的理论的适用范围比相对论更广? 有些相对论无法解释的东西,你可以解释? 比如大爆炸初期,黑洞内部的奇点什么的。"

回答:"不能"。

"你的理论可以用等价的(就像分析力学之于牛顿力学那样),其他的角度来看待现有的理论?"

回答:"不能"。

都不能,那说什么啊!

现代科学只尝试如何描述我们的世界,对诸如"世界的本质是什么?"这种形而上学的问题并不搭理,科学并不尝试去解释这个世界的本质。

因此,很多人指责相对论的尺缩钟慢之类的结论是错误的,是没有意义的。这种指责本身才是无意义的,或者至少是不科学的(这里的"不科学"没有任何贬义,仅仅表达它不属于科学的范畴)。

因为我们基于这种理论，能够得到比菲涅尔的以太理论更精确的描述，这就够了。现代科学只描述世界，不解释世界。

好，斐索流水实验摆在这里，既然菲涅尔的理论可以很好地解释它。那么，更好的相对论该如何解释它呢？作为一个更好的理论，它当然可以解释原有理论可以解释的。

那么，现在我们进入相对论的世界。

相对论的解释

在相对论里，以太是不存在的。那么，斐索流水实验就变成了流水系和地面系的速度叠加问题。

大家知道，牛顿力学对应的是伽利略变换：

$$\begin{cases} x' = x - vt \\ y' = y \\ z' = z \\ t' = t \end{cases}$$

在伽利略变换里，我们通过简单的推导就能求出联系两个惯性系之间的速度变换公式：$u' = u - v$。

也就是说，在两个参考系里观测到同一物体的速度，就相差了两个惯性系之间的相对速度。

比如，地面系观测到列车员的速度 $u = 305$ km/h，高铁的速度 $v = 300$ km/h，那么，火车系观测这个列车员的速度就是 $u' = u - v = (305 - 300)$ km/h $= 5$ km/h。

非常好，没问题，跟我们的直觉也是符合的。

但是，在狭义相对论里，联系两个惯性系之间的变换不再是伽利略变换，而是洛伦兹变换：

$$\begin{cases} x' = \dfrac{x - vt}{\sqrt{1 - \left(\dfrac{v}{c}\right)^2}} \\[2ex] y' = y \\[1ex] z' = z \\[1ex] t' = \dfrac{t - \dfrac{v}{c^2}x}{\sqrt{1 - \left(\dfrac{v}{c}\right)^2}} \end{cases}$$

那么，从洛伦兹变换推出来的速度变换公式，自然就跟伽利略变换推出来的不一样了。它的具体形式是这样的：

$$v' = \frac{v - u}{1 - \dfrac{vu}{c^2}}$$

$$v = \frac{v' + u}{1 + \dfrac{v'u}{c^2}}$$

可以看出来，洛伦兹变换下的速度变换公式不再是简单的加减，而要复杂得多了。

也就是说，如果流水的速度为 u，光在流水系的速度 $v' = c/n$，那么，地面系观测到的光的速度就应该这样计算：

$$v = \frac{v' + u}{1 + \dfrac{v'u}{c^2}}$$

$$= \frac{\dfrac{c}{n} + n}{1 + \dfrac{\dfrac{c}{n}u}{c^2}}$$

$$= \frac{\frac{c}{n} + u}{1 + \frac{u}{cn}}$$

我们再把这个公式展开,略去高阶项(因为流水的速度 u 远小于光速 c,所以展开后可以略去 v/c 以及更高的项),就可以得到 v 的近似值:

$$v \approx \frac{c}{n} + u\left(1 - \frac{1}{n^2}\right)$$

这就是狭义相对论速度变换的一阶近似,大家仔细看一看这个公式,有没有觉得很眼熟? 公式后面的 $1 - 1/n^2$ 是什么? 不就是菲涅尔的部分曳引系数 k 吗?

把 $1 - 1/n^2$ 用 k 替换掉,那么这个速度 v 就可以写成 $v \approx (c/n) + ku$,跟菲涅尔基于以太的部分曳引假说完全一样(第一项 c/n 就是光在水中的速度,ku 就是以太被水流拖动的速度)。

所以,后面的结果我们压根就不用算了,一阶近似下的狭义相对论肯定会得到跟部分曳引假说一样的结论。也就是说,在狭义相对论里,斐索流水实验并不是因为以太被部分拖曳,而是洛伦兹变换里速度叠加的自然结果。在一阶近似(流水速度远小于光速)下,相对论跟菲涅尔的理论的预言是完全相同的。

但这同时也说明了,菲涅尔的理论只在流水速度远小于光速的时候适用。当速度接近光速的时候,当 u/c 不能再忽略时,使用部分曳引假说就会得出错误的结论,而狭义相对论的结果依然是正确的。

菲涅尔的理论能解释的东西,相对论能解释,它不能解释的东西,相对论还能解释,这才是一个更好的理论应该有的样子。

再谈光速不变

最后,我估计很多人看这个实验,多多少少会对光速不变会有点疑问。不是说好了光速不变的吗? 那为什么光速在流水系和地面系会不一样呢?

其实,大家不必把光速不变当作一个非常特殊的东西,搞得好像光多么特别似的,一切都是洛伦兹变换的自然结论。

你再看看洛伦兹变换的速度叠加公式,如果两个参考系之间的相对速度为 u,那么,在一个参考系里速度为光速 c 的物体,在另一个参考系里它的速度就是:

$$v = \frac{c+u}{1+\dfrac{cu}{c^2}} = \frac{c+u}{\dfrac{c+u}{c}} = c$$

结果还是光速 c。

发现没有,不管两个参考系之间的相对速度是多少,只要在一个参考系里速度是 c,在另一个参考里的速度就一定是 c。这不是光有多特殊,而是洛伦兹变换对所有以速度 c 运行的物体都有这样的要求。

但是,为什么斐索流水实验里光速好像不再不变了呢?

因为光在水里的速度不再是 c 了,而是 c/n,所以自然就没有什么光速不变了。所以,光速不变原理要求必须是真空中的光速,这是洛伦兹变换的要求,是时空内在结构的要求。

因此,大家不要在光本身上做文章了,也不要再把光神秘化。同时,希望大家通过对比菲涅尔的理论和相对论,能够进一步加深对狭义相对论的理解。

02 | 当相对论说动尺收缩时，它是如何测量的？

今天跟大家聊一个相对论里简单有趣，但又很容易被忽略、很容易出错的问题，那就是测量问题。

但凡对相对论有一点了解的人，都知道狭义相对论里有一个尺缩效应，或者叫动尺收缩。这是所有相对论科普读物都会提，教材里会讲，爱因斯坦的论文里也涉及的东西。

简而言之，尺缩效应就是说，当我们去测量一把运动的尺子时，我们会觉得它的长度比静止时要短一些。在很多科普读物里，这个事情被简化为"我们看见运动的尺子会缩短"。

当然，有些科学家在交流的时候也会采用这样简单的描述。但问题是：科学家们在这样说的时候，他们知道自己在说什么，而许多相对论初学者就搞不清这到底意味着什么，然后就乱套了。

很多初学者会觉得尺缩效应是在说这样一件事：一把尺子静止在我面前，我看见它只有 1 m 长。但是，当这把尺子开始运动的时候，我就会看见这把尺子只有 0.8 m，或者更短。

然后，他们就会开始自己分析，为什么运动的尺子会变短呢？

哦，因为尺子在运动的时候，尺子前方的光子传到我的眼睛比

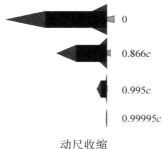

0

0.866*c*

0.995*c*

0.99995*c*

动尺收缩

尺子后面的光子传到我的眼睛要多花费一点时间,所以尺子就看起来变短了。

这好像真的是看起来变短了,我们去计算尺子两头的光子到达眼睛的时间就能找到这种关系。

更进一步,他们觉得狭义相对论的所有效应都只是这样一种视觉效应,是一种自欺欺人的视觉欺骗。

试图持这种观点否定狭义相对论的人不在少数。

其实,这也不能怪初学者们。因为不光是你们,在相对论刚诞生的前 50 年,有许多物理学家也是这样认为的。这种现象一直到 1959 年,在特列尔和彭罗斯专门发文澄清之后才算告一段落。

问题出在哪儿? 出在我们混淆了"测量"和"看见"这两个词。

一列火车在铁轨上运动,我们的眼睛看见了这辆火车。当我们说看见的时候,我们的意思是:这列火车发出的光子经过一定时间传到了我们眼睛的视网膜里,火车的原始形象跟我们眼睛里看到的视觉形象可能不一样,就像我们平常理解的那样。

关键是,什么是测量?

比如,我们在地面系测量一把尺子的长度,我们是什么意思呢? 我们的意思是,在地面参考系建立一个坐标系,然后用这个坐标系去度量尺子的长度。同理,当我们在火车系里测量尺子的长度时，我们的意思也是在火车系建一个坐标系，然后用它去度量尺子的长度。

当我们在地面系测量运动的尺子的长度时，我们的意思是，在某一个时间（地面系可以有共同的时间）用地面系去度量正在运动的尺子。

这里的关键是，整个测量过程并没有涉及任何光子传递的过程，它跟我们上面说的"看见"尺子有本质的区别。

打个形象的比方，你可以把地面系当作一个手机屏幕。当我们在地面系测量尺子的长度时，我就先截屏，把同一时间这把尺子所有的像素点都截下来，然后再去算尺子的长度。而不是我站在某个地方不动，等着运动尺子的所有光子都传到我的眼睛里。这叫"看见"，不是"测量"。

其实，相对论里说测量一把尺子的长度，都是说在某个参考系里测量它的长度。因此，不难理解，这个测量跟参考系有关。

那什么是参考系呢？参考系是一系列观者的集合。

什么意思？我们知道狭义相对论里最基本的概念是事件，它具有四个维度：三个空间维度＋一个时间维度。也就是说，当我们在说一个事件的时候，我们是要指明这个事件的空间坐标和时间坐标的（几点在哪里发生了什么事件）。

那么，相对论里的观察者（简称观者）就需要有同时记录一个事件的四个维度信息的能力。比如，他在空间某点拿着一个摄像机，可以记录任何发生在这个地方的事件的时间坐标和空间坐标。

而这样一系列观者的集合，就构成了一个参考系。

比如，我们在说地面系的时候，你就可以想象在相对地面静止的空间的所有地方都站满了观察者。他们拿着摄像机枕戈待旦，记录着发生在这里任何事件的时空信息，当然也包括运动的尺子。

所以，爱因斯坦自己才会调侃说："在我的相对论里，我的空间的每一点都安放了钟；但实际上，在我的房间里，甚至一个钟都没有。"

只有明白了测量和参考系的概念，你才会明白相对论里到底是如何测量一把尺子的长度的，这样去看尺缩效应才不会感到奇怪，也不会觉得相对论是一种视觉欺骗了。

当然，当速度接近光速时，我们确实可以去研究一下这种情况下的视觉效应，那就纯粹是另外一个话题了。

特列尔就对这种高速物体的视觉形象做了仔细的研究。

有趣的是，特列尔在仔细研究之后，证明了这样一个结论：只要物体距离观者足够远，高速物体的视觉形象就毫无尺缩，它无非是物体静止时的形象绕某轴转动某个角度的结果。后人把这个称为特列尔转动，感兴趣的朋友可以自己去查一查。

这也说明了，如果你把"测量"当成了"看见"，那对尺缩效应的理解就会出现大问题了。

因为经常有新人犯这样的错误，我就拎出来一起讲一讲吧，希望大家以后不要再把相对论里的"测量"当成"看见"了。

03 | 从雷击火车实验看同时的相对性

在爱因斯坦创立狭义相对论的过程中,认识到同时的相对性是极为关键的一步,爱因斯坦也是通过它调和了相对性原理和光速不变,进而解决了牛顿力学和麦克斯韦电磁理论的矛盾。

而讲到同时的相对性,就必然要讲到那个经典的雷击火车实验:两道闪电击中车头车尾,我们通过分析,得出了地面系觉得这两个事件是同时发生的,而火车系并不这么认为的结论。

爱因斯坦在自己写的相对论科普读物《狭义与广义相对论浅说》里就提到了这个实验。

我们先来看一下这个实验是要干什么,很简单,这个实验要证明同时的相对性。

也就是说,它要证明,对于闪电击中车头和车尾这两个事件,地面系觉得它们是同时发生的,火车系却觉得它们不是同时发生的。

然后,我们就可以得出结论:同时是相对的,一个惯性系觉得是同时发生的两个事件,另一个惯性系会觉得它们并不是同时发生的。

这个实验很简单,我再简单地描述一次:一辆火车在地面上匀速行驶,某一个时刻两道闪电同时击中了火车车头和车尾所在的路基,当然这个同时是相对地面而言的(这个好理解)。然后,我们要证明,对于火车系来说,这两个事件并不是同时发生的。

一些约定

在具体谈论这个实验之前,我们要先约定一些东西。

(1)光在均匀的介质中(比如空气)的传播速度是一样的。这个约定并不是光速不变原理,而是说只要空间是各向同性的,那么光在这个参考系里的速度就是一样的。光速不变原理说的是真空光速在不同的惯性系里都一样,我们这里只说在一个参考系里。

(2)如何定义同时? 在约定了光在均匀介质里速度不变之后,我们就可以利用光来校准时间,用光来定义同时。方法也很简单:在一个惯性系,如果两个事件发出的光信号同时达到这两个事件的中点,我们就认为这两个事件是同时发生的。

(3)如何确定同时是不是相对的? 我们牢牢记住:如果两个事件在一个惯性系里是同时发生的,我们看它们在另一个惯性系里是否是同时发生的。如果是,那么同时就是绝对的,如果不是,那么同时就是相对的。

我要强调一句:我们要对比的是在不同惯性系里两个事件是不是同时发生的,重点是事件的发生时间。

我把雷击火车的实验简化成下面的模型:

然后,我们再来分析这个实验。

火车上的闪光

闪电击中车头车尾之后,地面上 AB 的中点 C 肯定会同时收到头尾的闪光,所以地面系认为它们是同时发生的,这一点我相信大家都没有疑问。

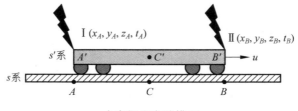

火车闪光实验模型

有疑问的是火车上观察的结果。

我们假设火车的中点 C' 处有一个观察者。如果火车没有运动,那么,这个观察者 C' 肯定会同时收到车头车尾的来光,对不对?这个毫无疑问。

那么,现在火车是运动的,而光速是有限的。也就是说,光从车头车尾传到中央是需要一定时间的,而在这一段时间内,火车必然会前进一段距离。

那么,处在火车中央的观察者 C' 一定会先看到来自车头的闪光,后看到来自车尾的闪光,对不对?

你仔细想想是不是这么回事?你再想想,我们得出这个结论用到的条件是什么?有用到光速不变原理吗?没有!有用到什么速度叠加公式吗?也没有!

我们用到的假设只有一个:光速是有限的!

也就是说,只要光速是有限的,它传播到火车中央就需要一定的时间。因为火车在运动,它在这一段时间里肯定会运动一段距离,只要有这段运动距离,那么火车中央的观察者就一定会先看到来自车头的光,后看到来自车尾的光。

那么,相对论承认光速是有限的吗?承认。牛顿力学承认光速是有限的吗?也承认。所以,到目前为止,火车中间的观察者 C' 会先看到车头的光、后看到车尾的光这件事奇怪吗?它能说明同时的相对性或者是绝对性吗？不能！

这是很多人非常容易栽跟头的一个地方，你以为我们是从火车中点收光时间不一样，得出同时是相对的这个结论的吗？

不，这个事实非常平凡，牛顿和爱因斯坦都承认，因为只要光速有限，就必然有这个结论。不平凡的事实在下面，我们再来对这个事实进行分析。

为什么爱因斯坦能够根据这个事实得出同时的相对性呢？因为爱因斯坦有光速不变啊！

爱因斯坦

光速不变原理是狭义相对论的基本假设，它说真空光速不随惯性系的变化而变化，在地面系光速是 c，在火车系测量的光速还是 c。有了光速不变原理，我们就可以往下计算了。

相对论的计算

火车中点的观察者 C' 是先收到来自车头的光,后收到来自车尾的光。但是,我们判断同时是不是相对的,不是判断你的收光时间是否一样,而是判断事件发生的时间是否一样。

你在地面系觉得闪电击中车头车尾是同时发生的,那么,我在火车系需要证明的是:火车系的人觉得这两个事件是不是同时发生的,注意是事件发生的时间,不是火车中点收光的时间。

那么,火车系觉得这两个事件是不是同时发生的呢?

答案是:不是。为什么? 很简单,对火车系来说,光从车头车尾走到中间的距离是一样的。而根据光速不变原理,火车上的光速也是一样的。

于是,两束光行走的距离一样,光速一样,那么,这两束光行走的时间就是一样的。而我们在火车上明明是先收到来自车头的光,后收到来自车尾的光,而这两束光运动的时间是一样的,那能说明什么? 这就只能说明,这两束光不是同时发出来的。

这段逻辑很重要,大家理一理。我们是因为收光时间不同,而光运动的时间是一样的,所以得出了发光时间不同这个结论。

而发光时间不一样,就是说这两个事件不是同时发生的,而地面系认为这两个事件是同时发生的,这就是同时的相对性。

为了加深大家对这个结论的理解,我们再来看看牛顿力学会怎么看这事。

牛顿力学的计算

牛顿力学是绝对的时空观,也就是认为:如果两个事件在地面系是同时发生的,在火车系必然也是同时发生的。

前面我已经说了，只要我们承认光速是有限的，那么，火车中点的观察者就必然会先收到车头的光，后收到车尾的光。有些人可能就觉得：看，火车中间的人收光不同时了吧。接着跟爱因斯坦得出了一样的结论，所以这个实验是没用的。

我一再强调：要判断同时是相对还是绝对的，是要判断两个事件是不是同时发生的，而不是去看火车中点的人是不是同时收光。

对牛顿来说，因为没有光速不变原理，所以，光速在他的眼里依然满足伽利略变换导出来的速度叠加公式。于是，牛顿就会认为，从车头发过来的光的速度是 $c+v$，从车尾发过来的光的速度是 $c-v$，这个 v 代表火车的速度。

这个应该不难理解。在牛顿的眼里，光和子弹没什么区别，如果车尾有一发子弹朝火车中间发射过来，那么，火车上的人必然觉得子弹的速度变慢了。如果子弹的速度和火车的速度相同，我们还能看见"静止"的子弹，这里换成光也是一样的。

总之，对牛顿来说，从车头和车尾发出来的光跑到火车中点，运行的距离是一样的，都是半个火车的长度。但是，因为从车头来的光速度快一些，从车尾来的光速度慢一些。所以，如果这两束光是同时发出的，那么必然先收到来自车头的光，后收到来自车尾的光。所以，火车中点的观察者先看到车头的光，后看到车尾的光，配合光和火车的速度叠加，刚好就得出光是同时发出的结论，也就说明了同时的绝对性。

总结

对于雷击火车这个事件，爱因斯坦和牛顿都会认为地面的事件是同时发生的，也会认为火车中点会先收到车头的光，后收到车尾的光。但是，对于这个现象的解释，二者却截然不同。

对爱因斯坦来说,火车系的人先收到车头的光,后收到车尾的光,这就可以直接用来证明同时的相对性。因为光速不变,车长一样,光在火车传播的时间是一样的,所以,接收到光的时间先后不一样,就铁定证明了光发出的时间不一样。

对牛顿来说,虽然在火车上是先看到车头的光,后看到车尾的光。但是,不能凭借收光的时间不一样判断它们发光的时间不一样,为什么?因为牛顿认为光的速度不一样,从车头发过来的光的速度为 $c+v$,从车尾发过来的速度为 $c-v$。然后,车长一样,光的速度不一样,收光的时间不一样,牛顿据此判断:这两束光是同时发出的。有毛病吗?没毛病!这是一个小学算术题。

也就是说,牛顿认为,这两束光在地面是同时发出的,在火车系看来也是同时发出的。我们千万不能根据火车上收光时间的不一样,就说它们发光的时间不一样,你还要看光速啊。

这就是牛顿和爱因斯坦的不同。爱因斯坦认为光速不变,这才可以用火车系上先后收光的时间不同,直接判定发光时间不同;而牛顿认为收光时间不同是光速变化造成的,它们的发光时间还是一样的。

牛顿和爱因斯坦的理论都是自洽的理论,都是可以在自己的体系内自圆其说的,这点大家要清楚。

04 | 相对论里时间是相对的，会破坏因果律吗？

在牛顿力学里，时间是绝对的，所有参考系都共用同一个时间。因此，只要在某个参考系里事件 A 先于事件 B 发生，那必然在所有的参考系里事件 A 都先于事件 B。

比如，我们在某个参考系里观察到一个人先出生，后去世，那么，不管你在哪个参考系里观察，都会看到这个人先出生，后去世。牛顿力学里只有一个时间，因此这个是非常自然的，因果律也不会出现什么问题。

但是，到了狭义相对论这里，事情就有点不一样了。

我们都知道，狭义相对论里时间是相对的。在一个参考系里同时发生的两个事件，在另一个参考系就可能是不同时的，这就是同时的相对性，这也是爱因斯坦创立狭义相对论的关键。

既然在狭义相对论里同时性是相对的，时间也是相对的，那我们就有一个疑问了：既然时间是相对的，那么，在一个参考系里具有因果关系的两个事件（比如一个人先出生，后去世），是否有可能在另一个参考系里因果颠倒了呢（变成先去世，后出生）？

这就是狭义相对论里的时序和因果问题。

子弹击碎花瓶

为了让大家更直观地理解这个问题，我们来看一个更简单的例子：我们在地面系 K 看到一把手枪沿着 x 轴正方向发射了一发子弹，击碎了一个花瓶。我们把子弹发射的事件记为 p_1，击碎花瓶的事件记为 p_2。

在地面系，我们记录了子弹发射的时间为 t_1，在 x 轴的坐标为 x_1。也就是说子弹发射事件可以记为 $p_1(t_1, x_1)$，同样，击碎花瓶的事件可以记为 $p_2(t_2, x_2)$。

因为我们在地面系 K 观察到的是子弹先发射，后击碎花瓶，那么，在地面系自然就有 $t_2 > t_1$。现在我们变换参考系，假设在一个新的惯性系 K′里，将子弹发射的发射事件 p_1 记为 (t_1', x_1')，击碎花瓶事件 p_2 记为 (t_2', x_2')。

如果在惯性系 K′里，我们依然看到先发射子弹，后击碎花瓶，也就是有 $t_2' > t_1'$，那么事件发生的时序就没有改变，因果律也不受影响。但是，如果你一旦发现在 K′系里出现了 $t_2' < t_1'$，那就表示在这个新的惯性系里击碎花瓶的事件先于子弹发射事件发生，那时序就更改了，因果律就会受到严重的威胁。

那么，我们要如何讨论惯性系 K′里时间 t_1' 和 t_2' 的关系呢？答案当然是根据洛伦兹变换。

在狭义相对论里，联系两个惯性系之间时空变换关系的就是洛伦兹变换：

$$\begin{cases} x' = \gamma(x - vt) \\ y' = y \\ z' = z \qquad \gamma = \dfrac{1}{\sqrt{1 - (v/c)^2}} \\ t' = \gamma\left(t - \dfrac{v}{c^2}x\right) \end{cases}$$

也就是说，如果一个事件在地面系 K 的发生时间为 t，那么，在相对地面以速度 v 向右运动的惯性系 K′ 里，这个事件的发生时间就变成了上面的 t'。

如果我们再取几何单位制，也就是取光速 $c=1$，那么时间 t' 的表达式就可以简化为：$t'=\gamma(t-vx)$。

很显然，假设地面系事件 p_1 和 p_2 发生的时间差表示为 $\Delta t(\Delta t=t_2-t_1)$，那么，惯性系 K′ 里这两个事件的时间差 $\Delta t'=\gamma(\Delta t-v\Delta x)$（这里 $\Delta t'=t_2'-t_1'$）。

这就是说，如果 $\Delta t'>0$，那么在惯性系 K′ 里依然是 p_2 在 p_1 之后发生，时序并未发生变化，不存在因果律问题；如果 $\Delta t'<0$，那就是说惯性系 K′ 里 p_2（击碎花瓶）先于 p_1（子弹发射）发生，时序发生了改变，因果律面临挑战。

那么，$\Delta t'=\gamma(\Delta t-v\Delta x)$ 是大于 0 还是小于 0，我们要怎么看呢？

时序分析

在狭义相对论里，同一个事件在不同的惯性系里可以有不同的时间坐标和空间坐标，两个事件之间的时间间隔和空间间隔都是相对的。但是，它们组成在一起的时空间隔是绝对的，是不随任何参考系的改变而改变的，这是狭义相对论的核心，甚至可以说是狭义相对论的全部内容（这个结论通过洛伦兹变换可以很容易证明出来，这里不细说）。

也就是说，在地面系 K 和惯性系 K′ 里，事件 $p_1=(t_1,x_1)=(t_1',x_1')$ 和事件 $p_2=(t_2,x_2)=(t_2',x_2')$ 的时间间隔可能并不相同 $(\Delta t\neq\Delta t')$，空间间隔也并不相同 $(\Delta x\neq\Delta x')$。

但是，它们的时空间隔肯定是相等的，即：$-\Delta t^2+\Delta x^2=-\Delta t'^2+\Delta x'^2$（时空间隔的定义为 $l=-\Delta t^2+\Delta x^2$），进一步了解

可以参考闵氏几何篇。

因为两个事件的时空间隔是绝对的，在任何参考系里都是相同的。因此，我们可以用两个事件的时空间隔这个绝对量作为标准，来讨论不同惯性系里事件的时序，这样讨论出来的结果就对任何参考系都有效。

接下来，我就给出下面这个极为重要的结论：如果两个事件之间的时空间隔小于 0，也就是 $l=-\Delta t^2+\Delta x^2<0$（我们称这个间隔是类时的），那么，任何洛伦兹变换都不会改变时序；如果两个事件之间的时空间隔大于 0，也就是 $l=-\Delta t^2+\Delta x^2>0$（我们称这个间隔是类空的），那么，则必有改变时序的洛伦兹变换。

这个结论其实很容易证明，你想，如果两个事件的时空间隔是类时的，也就是 $l=-\Delta t^2+\Delta x^2<0$。那么，自然就有 $\Delta x^2<\Delta t^2$，因为 Δt 是地面系两个事件的时间间隔，我们约定 $\Delta t>0$，那么就有 $|\Delta x|<\Delta t$。

而我们这里采用的是几何单位制，光速 $c=1$，而我们也知道狭义相对论里所有物体的速度都是小于光速的，两个惯性系之间的相对速度 $v<1$。于是，很自然就有 $\Delta t>|\Delta x|>v|\Delta x|$。

由于 $\Delta t>v|\Delta x|$，那么 $\Delta t'=\gamma(\Delta t-v\Delta x)>0$。也就是说，在地面系 K 里有 $\Delta t>0$，在惯性系 K′里，依然有 $\Delta t'>0$。这样，时序就没有发生改变，在惯性系 K 里先发生事件 p_1 后发生 p_2（$\Delta t>0$），在惯性系 K′里依然是先发生事件 p_1 后发生事件 p_2（$\Delta t'>0$），因果律依然得以维持。

你同样可以证明，如果两个事件之间的间隔是类空的，也就是 $l=-\Delta t^2+\Delta x^2>0$，那必然有改变时序的洛伦兹变换。

类时事件

这个结论到底告诉了我们什么呢？如果两个事件之间的时空

间隔是类时的,那么,无论你怎么构造洛伦兹变换更改参考系,都不会影响这两个事件的时序。在一个参考系里是事件 A 先、事件 B 后,那么在所有的参考系里就都是事件 A 先、事件 B 后,这样当然就不存在因果律困难。

那么,两个事件之间的时空间隔是类时的是什么意思? 简单来说,如果我们画一个二维的时空图,横轴代表空间 x,纵轴代表时间 t,那么时空图里斜率的倒数就代表速度。

因为我们采用的是几何单位制($c=1$),因此 $45°$ 的那条直线的斜率为 1,也就是说如果有一个粒子的运动轨迹是 $45°$ 斜线,那么它就是以光速运动的。而一般有质量的粒子,速度小于光速 c,那么在时空图里的斜率就会大于1(这样斜率的倒数—速度才会小于1,也就是小于光速了,如 L_2)。参见图 68-3。

而时空间隔的定义,我们前面也说了:$l = -\Delta t^2 + \Delta x^2$。如果两个事件之间的时空间隔小于 0,我们就说这个时空间隔是类时的。你可以看到,如果让时空间隔 $l<0$,就需要让粒子在 x 轴方向的变化 Δx 小于在时间 t 上的变化 Δt,也就是它们的连线是偏向时间轴 t,就像 L_2 那样。

这样,等于说我们就知道了:如果两个事件之间的时空间隔是类时的,任何洛伦兹变换都不会改变时序。而且,任何一个有质量的粒子在时空图上走的轨迹(叫粒子的世界线),任何两点之间的时空间隔也是类时的,否则这个粒子就要超光速了。

把它们连起来,那么任何真实粒子自己世界线上的事件,在狭义相对论里,在洛伦兹变换下都不会改变时序,都不会出现因果律问题(我们上面只证明了沿 x 轴方向洛伦兹变换有这个特性,其实一样可以证明任意方向的洛伦兹变换都有一样的结论)。

也就是说,如果我们在地面系看到子弹一开始在手枪这里,过了一段时间之后跑到了花瓶那里。那么,子弹发出事件和击碎花瓶事件就都是子弹世界线上的两个事件,这样两个事件之间的时空间隔必然是类时的,因此不论在哪个参考系里看,都只能看到子弹先发出,后击碎花瓶,不会违反因果律。

类空事件

如果两个事件之间的时空间隔是类空的,也就是两点的连线会偏向空间坐标 x,那么就必然会出现改变时序的洛伦兹变换(这个结论的后一半)。也就是说,必然会在某个惯性系看到这两个事件的时序不一样,会先后颠倒。

但是,因为两个类空的事件不可能是一个粒子的世界线,它们之间本来就没有因果关系。什么叫因果? 事件 A 发生了一个信号,这个信号导致出现了事件 B,这样我们才能说它们之间有因果关系。因为相对论里信号传递的速度有一个上限,也就是光速,因此两个有因果联系的事件之间,最大也就通过光速联系。

而两个有类空间隔的事件,如果它们之间有信号联系,那必然超光速,这是相对论里不允许的。因此,两个类空事件之间必然没有因果联系,它们在不同的参考系里时序不一样。

基本上,你只要看到有人说他从狭义相对论的时间、空间的相对性出发,发现了有什么事情违反了因果律,那么,要么是他想错了,要么就是这两个事件之间的时空间隔是类空的,二者本来就没有因果联系。

比如,我们在地面系看到张三家的鸡下了一个蛋,0.1s 以后,在 30 万 km 以外的李四家的狗叫了一声。这样两个事件,完全可以在另一个参考系里看到是李四家的狗先叫的,张三家的鸡后下的蛋,但是这并不会破坏因果律,因为这两个事件之间的时空间隔是类空的,它们本来就没有因果联系。

当然,可以让这两个事件之间变得有因果联系。比如,张三家的鸡下了蛋以后,我们立即用光信号通知李四,让他家的狗叫一声。但这样的话,30 万 km 至少需要 1s(光速 $c \approx 3.0 \times 10^5$ km/s),是不可能在 0.1s 内完成的。

　　因为时空间隔是绝对的,两个事件只要在某一个惯性系里的时空间隔是小于 0 的,是类时的,那么在所有的惯性系里就都是类时的。所以,如果你想再寻找一个参考系,让在另外一个参考系里张三、李四家的两个事件变得"光速可及",也就是让它们的时空间隔变成类时的,那是不可能的。

　　虽然我们上面讨论的结论只是在二维洛伦兹变换(只沿着 x 轴)下得到的,但其实在任意洛伦兹变换下结论都成立,这个我就不再证明了。

　　最后,虽然我们上面讨论两个事件的时空间隔时,只讨论了类时的($l<0$)和类空的($l>0$)两种情况。但是,显然还有一种 $l=0$ 的情况,这种时空间隔叫类光的。从时空图可以轻易看出,如果 $l=0$ 必然导致 $\Delta x = \Delta t$,那么速度 $v=\Delta x/\Delta t=1$,即光速。也就是说,如果两个事件的时空间隔是类光的($l=0$),而且这还是某个粒子的世界线,那就只能是光子或者其他光速运动的粒子。不难想象,它们也不会改变因果,是一个临界的情况。

　　这样,大家明白狭义相对论里因果律的问题了吗?

05 | 听说一切物体在时空中的速度都是光速 c？

相信很多人都听过这样一句话：在相对论里，一切物体在时空中的速度都是光速 c。

有些人还会把"在时空中"这个定语给省略掉，就留下一句"一切物体都以光速运行"，把读者的三观震碎。然后不加一句解释就飘然离去，留下读者在那里一脸茫然。

这个事情呢，说简单也简单，说麻烦也麻烦。不过，因为这个问题对我们深入理解狭义相对论，从牛顿力学的时空观转向相对论的时空观还是大有好处的，所以，长尾君决定来跟大家好好说道说道。

你觉得这个问题反常，是因为我们平常理解的速度都是建立在"空间"的概念上的。

什么是速度？速度就是位移除以时间。在单位时间内，在三维空间里移动了多少，速度就是多少，这是我们的常规理解。

在这种理解下，每个物体的速度当然是可变的，可大可小，可快可慢。而且，我们还知道，在相对论里，任何有质量的物体，它的速度都不会超过光速。

在这种背景下,我们就会觉得"一切物体的速度都是光速"非常反常,甚至非常荒谬了。即便他说了是在相对论里,你也搞不懂为什么相对论里会这样说。

要理解这句话,关键就在那个定语"在时空"里。当我们在说"一切物体的速度都是光速 c"时,我们说的这个速度是指在时空中的速度,而不是我们一贯理解的在空间中的速度。

"空间"和"时空",一字之差,意思却天差地别。这一字之差,也是牛顿力学和相对论力学之间的关键差别。

我在各种场合说了很多次:狭义相对论的背景是四维闵氏时空,它最基本的东西是事件。一个事件包含 3 个空间坐标和 1 个时间坐标,时间和空间在相对论这里地位平等了。

我们之前理解的速度,都是定义在三维空间里的速度。一个物体从三维空间中的一个点(具有 3 个空间坐标)移动到另一个点,我们用这个位移除以时间得到的速度。

那么,到了相对论,最基本的东西是四维时空,而不再是三维空间。如果我们想要仿照上面的方法,在四维时空里定义速度,我们要怎么定义呢?

类似地,我们当然也希望,从四维时空中的一个点移动到另一个点的"时空位移"除以某种时间,得到四维时空中的速度,对不对?

因此,要明白四维时空里的速度,我们就需要先明白四维时空中的"位移"和"时间",我们来分别看一看。

四维时空中的位移(以后就简称四维位移吧)简单,我在第 4 篇(闵氏几何)不是教大家画过时空图吗?就是仿照三维空间里的坐标系,在三维空间坐标系里再加一个时间轴,组成了一个四维的坐标系,这样画的图就是时空图。

这样，四维坐标系里的每一个点就有 4 个坐标，例如事件点 $p_1(x_1,y_1,z_1,t_1)$ 时空图里的每一个点就代表一个事件。同样，如果还有一个事件点 $p_2(x_2,y_2,z_2,t_2)$，那么，我们把事件点 p_1 从时空图里移动到事件点 p_2 的位置移动定义为四维位移，这就非常合理了吧。

也就是说，三维空间里的位移，就是我们从三维空间的一个点移动到另一个点（比如从家移动到学校）。那么，四维时空里的位移，就是我们从四维时空的一个事件点移动到另一个事件点。

因为事件是有 4 个坐标的（3 个空间坐标，1 个时间坐标），所以，如果我一直坐在家里没动，那么，从三维空间来看，我的坐标点没有变化（因为 x、y、z 都没变），但是，从四维时空来看，我 7 点在家这个事件点跟我 8 点在家这个事件点就是两个不同的时空点。

7 点在家的时候，时空点可能是 $(0,0,0,7)$，8 点在家的时候就是 $(0,0,0,8)$。空间坐标没变，但是时间坐标变了，因此在四维时空图里，这依然是两个不同的点，它们之间依然有位移。懂了吗？

也就是说，即便我一直待在家里没动，从三维空间的角度来看，我确实没动（因为空间坐标没变），因此速度为 0。但是，从四维时空的角度来看，即便我一直坐在家里，我依然在运动（因为虽然空间坐标没变，但是时间坐标在变），因此速度不为 0。

这个四维时空下的速度，就是我们标题里说的四维速度，就是那个"一切物体都以光速运动"的速度。

相信看到这里，你应该有点感觉了。

如果你能理解我即便待在家里没动，依然有四维速度，那问题就解决了一半。因为剩下来的工作，无非就是证明这个速度就是光速 c，而且对所有物体都成立。

到了这里，请大家闭上眼睛，想象自己在四维时空里遨游。想象你自己的每一个瞬间、每一个动作,都在四维时空里穿梭,你不仅在空间中穿梭,也在时间中穿梭、时空里飞舞。

时间长河永远向前奔涌,时间永远在向前流动。因此,即便你一动也不动待在那里,你也被时间长河裹挟着飞速移动。

"逝者如斯夫,不舍昼夜。"

如果你不想在时间长河里呆坐着,你也想运动运动,学习苏炳添、博尔特飞奔一下,开飞船去宇宙深处活动。于是,你的空间坐标就发生了改变,你就有了空间上的速度。

那么,空间上的这个速度会给你带来什么改变呢?

有一个但凡接触过相对论都知道的结论:钟慢效应。

也就是说,当你在空间上有了速度的时候,你的时间开始变慢,而且速度越快,时间减慢得越快。说得更通俗一点就是,当你在空间上有速度的时候,你在时间上的速度就会相应减慢,你在空间上的速度越快,你在时间里的速度就越慢。

就好像你骑着一匹赤兔马在时空里飞奔,由于赤兔马的最大耐力和速度是有限的。因此,当你向空间方向飞奔时,你在时间方向上的速度就慢了下来;当你朝时间方向上飞奔的时候,你在空间上的速度自然就慢了下来。

当你在空间里的速度达到最小,也就是静止不动时,赤兔马所有的体力都在时间方向上冲刺,这时候时间流逝得是最快的。当你在空间里的速度接近最大(光速 c),你在时间里的流逝几近停滞,这就是钟慢效应的极致。

而赤兔马在时空中的速度,就是光速 c,你可以按比例把它分配到时间和空间中,但是它们的"总和"保持不变。简单来说,这就是狭义相对论。

如果你以后习惯了在四维时空中思考问题,而不再一直死守三维空间，那你就会觉得狭义相对论的一切东西都非常简单自然。

相反，如果你一直试图死守用三维空间理解四维的相对论，那么，这就好像你试图通过盯着二维墙壁上的影子，来理解外面的三维世界一样。不是不可以，但是会非常困难。

因此，我们要尝试在四维时空里重新理解相对论，理解相对论力学。

我们要在四维时空里重新定义四维位移（两个时空点之间的位置变化），重新定义四维速度、四维加速度、四维力、四维动量……

站在这样的角度，我们才能用最自然的角度来欣赏相对论力学。在这样的角度里，我们标题所说的"所有物体在时空里的速度（也就是四维速度）都是光速 c"就会变得理所当然。

因为你只要把四维速度的形式写出来了，你就会发现任何四维速度的模的平方都是 c^2。

最后，我再补充说明一点。我在上面定义四维速度时，跟大家说了四维位移（四维时空图里两个事件点的位置移动），这个好理解。但是我一直没有说对应的时间是怎么定义的。

毕竟，速度嘛，位移除以时间才叫速度。

我们在牛顿力学中，在三维空间里定义速度都比较简单，因为牛顿力学里有绝对时间，我们直接用三维空间点的位置移动（三维位移）除以绝对时间（就是我们过去理解的时间）就可以得到速度。

但是，相对论里时间是相对的，并没有绝对时间了。那么，我们在四维时空里，要用四维位移去除以哪个时间呢？因为时间是相对的，那么，除以哪个参考系的时间似乎都不太合适。

比如，我 7 点从家里出发，8 点到学校，你要用这两个事件点组成的四维位移除以哪个时间呢？家里的时间，学校的时间，还是路上的时间？显然都不合适！

但是,有一个时间是比较特殊的,对我而言是唯一的,那就是:我自己随身携带的时钟指示的时间。

我从家里出门时带上一块表,这块表一直跟我保持相对静止,它指示的时间自然与众不同。这种跟物体一直保持相对静止的时钟指示的时间,叫固有时。

我们的四维速度,就是用四维位移除以这个固有时。而在时空图里,这个固有时又刚好代表了世界线的长度(详见第4篇),这就非常有意思了。

最后,一句话回答为什么说一切物体在时空中的速度都是光速 c。

答:因为一切物体的四维速度的模的平方刚好等于光速 c 的平方。

06 | 光子没有质量为什么有能量？

在"第 3 篇质能方程"里，我们详细介绍了质能方程的来龙去脉。许多朋友搞明白了质能方程以后，心里就会有一个疑问：按照质能方程 $E = mc^2$，质量是能量的量度，而光子没有质量，那它为什么有能量？

当然，这个问题其实早就存在了，各个论坛经常能看到它的身影，在长尾社群里也经常有人问。面对这个问题，最常见的一种回答是：不是光子没有质量，光子虽然静质量为 0，但是具有动质量。

一个动质量，似乎就把这个光子的这个"矛盾"解决了。然而，我在"第 60 节 不动的质量"已经明确说道：我们不要动质量这个概念，我们要抛弃动质量，我在书里从头到尾也没有使用动质量这个东西。

其实，你稍微想一下就会发现，用动质量来解释这个问题，并没有解决问题。

当我们在问"为什么光子没有质量而有能量"的时候，我们问的就是"光子为什么没有静质量而有能量"，但是你却说因为光子有动质量，这不是文不对题吗？只不过很多人无法透彻理解质能方程，无法很好区分动质量和静质量，所以才迷迷糊糊地接受了那个答案。

那问题就来了：如果不能再使用动质量这个概念，不能再用动质量来解释为什么光子没有质量却有能量，又该怎么办呢？

我在第 3 篇里从头搭建了一个体系，我们秉着"物理定律都应该满足洛伦兹协变性"的狭义相对论精神，让动量守恒定律要具有洛伦兹协变性，从而理直气壮地修改了动量，进而修改了动能，然后在狭义相对论的新动能里发现了质能方程。

那么，如何在这套体系下圆满地回答上述问题呢？

其实，这也不是光子一个东西的问题，而是所有运动物体的质量和能量的问题。一个小球在运动，小球静止时的能量 E 和度量静止时能量的质量 m 之间固然是满足质能方程 $E=mc^2$ 的，那么，如果我们要把小球的动能也考虑进去，那小球的静能和动能的总能量和质量之间又有什么关系呢？

这个问题我当时没有说，因为当时并不想让话题太过分散，但到了这里就不得不说了。而且，把这个问题讨论清楚了，你会发现"光子为什么没有质量而有能量"的问题也就清楚了。

那么，这个问题我们可以怎么去分析呢？还记得狭义相对论里的新动能表达式吗？

$$E = \gamma mc^2 - mc^2$$

我们说了，这个 E 代表动能，m 是物体的（静）质量，mc^2 就是物体的静能，而 γmc^2 就是物体的总能量（动能＋静能），是包含了物体的动能的。

我们说光子具有能量，其实就是具有总能量，而在这里总能量的表述是 γmc^2，是基于（静）质量的，而光子的静质量又为零，所以光子不能这么表示。

那么，当我们说光子具有能量的时候，我们是怎么表示光子的能量的呢？

我们是借助了量子力学，将光子的能量定义为 $E=h\nu$，这个 ν 是光子的频率，h 是普朗克常量。没错，就是爱因斯坦在光电效应里提出来的。因为在光电效应里，我们只有频率更高的光（比如紫光）才能将金属中的电子打出来，频率更高的光子的能量更高。

光子的能量是用 $E=h\nu$ 定义的，有能量，然后也有动量 p。所以，光子具有总能量 E、动量 p，但是并没有静质量 m，而有质量的粒子，比如小球，它也有能量 E、动量 p，但是具有静质量 m。

因此，统一它们的办法，找到题目问题答案的办法，就是在 $E=mc^2$（这里 E 是静能，m 是静质量）之外，再找到一个适用范围更广，也能够适用于运动情况的质能方程。我们的确也找到了这个新的质能动方程，它不仅包含了静质量、总能量，还包含了动量。

找到这个方程以后，你会发现物体的能量 E 除了来源于物体的静质量 m，还有一部分来源于物体的动量 p。这样我们就可以解释为什么光子没有质量却有能量了，因为光有动量，这个动量也能贡献一部分能量。

那么，这个包含了物体的总能量 E、动量 p 以及（静）质量 m 的质能动方程是什么样的呢？如何推出这个适用范围更广的质能方程？如何用这个质能动方程解释光子没有质量却有能量这个问题呢？

首先，我们要知道，牛顿力学里的物理定律具有伽利略协变性，而狭义相对论里的物理定律具有洛伦兹协变性。于是，为了让动量守恒定律具有洛伦兹协变性，我们不得已修改了动量的定义，符合狭义相对论精神的新动量：

$$p=\frac{mv}{\sqrt{1-v^2/c^2}}$$

有了这个新动量，我们又修改了新动能：

$$E=\gamma mc^2-mc^2$$

从这个新动能里,爱因斯坦把 mc^2 解读为物体静止时具有的能量,所以我在第 3 篇里也一直强调我们前面提到的都是物体静止时的能量,然后通过质能方程算出了度量这个静止时能量的(静)质量。

这里的质能方程并没有考虑动能 E,也就是没有考虑物体运动的情况。从狭义相对论的新动能表达式里,我们还能看出来物体的总能量(动能+静能)其实就是那个 γmc^2。

γ 的表达式是这样的:

$$\gamma = \frac{1}{\sqrt{1 - v^2/c^2}}$$

因此,我们前面考虑的都是静止物体的质能方程,现在为了处理运动的物体(包括光),我们要考虑包含总能量 $E = \gamma mc^2$ 的质能动方程。

现在我们来盘算一下:狭义相对论里的新动量 $p(\gamma mv)$ 已经有了,总能量 $E(\gamma mc^2)$ 也有了,γ 的表达式也是已知的,我们要寻找 E、p、m 之间的质能动方程,其实本质就是要把速度 v 消去就行了。

思路有了,剩下的就是纯数学推导:已知总能量 $E = \gamma mc^2$,动量 $p = \gamma mv$,γ 的表达式为 $\dfrac{1}{\sqrt{1 - \dfrac{v^2}{c^2}}}$,请找出一个可以消去速度 v,只包含 E、p、m 和 c 的关系式。

反正无论你怎么推导,两个表达式让你消去一个速度 v,总是可以办得到的。我这里提供一个非常简单的推导过程。

$$E^2 - p^2 c^2 = \gamma^2 m^2 c^4 - \gamma^2 m^2 v^2 c^2$$
$$= \gamma^2 m^2 c^2 (c^2 - v^2)$$

$$= \frac{c^2}{c^2 - v^2} m^2 c^2 (c^2 - v^2)$$

$$= m^2 c^4$$

你们看,我构造了一个 $E^2 - p^2 c^2$,然后它们产生的一个 $c^2 - v^2$ 刚好跟 γ^2 里的 $c^2 - v^2$ 约掉了,于是得到的结果里就不再含有速度 v 了。

于是,我们就得到了一个包含总能量 $E(\gamma m c^2)$ 以及动量 $p(\gamma m v)$ 的新质能方程,而这个新方程就包含了物体运动时的情况,它的运动部分就体现在动量身上。

$$E^2 = m^2 c^4 + p^2 c^2 \tag{1}$$

其实,也可以用最简单的消元法把速度 v 消去,最后还是会得到这个公式。我们反过来再研究一下,为什么 $E^2 - p^2 c^2$ 刚好就是一个不变量(只跟质量 m 和光速 c 有关,跟速度 v 无关,因此不会随着参考系的变化而变化)呢?

一根 1 m 长的木棍,不管在空间中怎么旋转,它的长度都是 1 m。如果我们站在更高的维度,从四维语言去看狭义相对论,会发现 $E^2 - p^2 c^2$ 刚好是四维动量的模,大家现在不用细究,有个印象就行了。

总之,当能量 E 只是静能的时候,我们得到的质能方程是 $E = mc^2$。如果我们扩大能量的范围,把动能也加进来,让能量 E 表示总能量时,我们得到全新的质能方程(公式(1))。

可以看到,当物体的速度为 0 时,这个动量 p 就等于 0,于是这个新质能动方程就回到了我们熟悉的质能方程。而且,这里一样没有使用动质量,我们只有一个质量 m,就是静质量,以后我们说的质量也都是指这个。

有了这个使用范围更广的质能动方程,我们再来看看如何用它来解释"为什么光子没有质量却有能量"这回事。

直观地看,这个问题似乎特别简单,因为光子的质量为 0,就是说质能动方程的质量 m 为 0。但是,质量 m 这一项为 0 之后,我们还剩下了 $E^2 = p^2c^2$,化简一下就是 $E = pc$。

也就是说,虽然光子的质量 m 为 0,但是它依然有能量,原因就是它的能量 E 全部来自光子的动量 p,这样就能解释"为什么光子没有质量却有能量"了。

然而,问题并没有看上去那么简单。没错,$E = pc$ 确实告诉我们光子的能量还可以来自它的动量 p。但是你仔细一想,狭义相对论里的新动量的定义是这样的:

$$p = \frac{mv}{\sqrt{1 - v^2/c^2}}$$

这个动量 p 跟物体的质量 m 和速度 v 有关,而光子没有质量,那怎么定义动量? 总不能说因为光子的质量为 0,所以光子的动量恒为 0 吧。更严重的是,我们知道光子的速度是光速 c,如果把光速 c 代入到分母的 v,你会发现分母直接等于 0 了,这个公式变为无意义了。所以,你会发现我们得到的符合狭义相对论精神的新动量对光子并不适用,同理,那个新能量 $E = \gamma mc^2$ 对光子一样不适用。而我们的新质能动方程又是从这个新动量 $p = \gamma mv$、新总能量 $E = \gamma mc^2$ 里推出来的,如果光子不符合这个动量、能量,那么它会服从由它们推出来的质能动方程吗?

这是个比较尴尬的事情,在狭义相对论里,有质量的粒子和无质量的光子在动量、能量的定义上无法取得统一。

那怎么办呢?

我们知道光子肯定是有能量的,爱因斯坦在解释光电效应的时候,创造性地认为光子的能量 E 跟它的频率 ν 有关,也就是 $E = h\nu$。

然后,我们发现虽然光子不满足新动量 $p = \gamma mv$ 和新总能量

$E = \gamma mc^2$，但是却满足从质能动方程里得到的 $E = pc$（让 m 等于 0 得到的），这样光子的动量 p 就可以写成 $p = E/c = h\nu/c$。

于是，光子的能量（$h\nu$）有了，动量（$h\nu/c$）也有了，它们依然满足新的质能动方程（公式（1））。

因此，有质量的粒子，没质量的光子，静止的（$p = 0$）、运动的物体就都满足这个方程了。所以，这才是更普适的质能方程。

仔细看看，你会发现它的形式是满足勾股定理的。所以，我们可以画一个直角三角形，E 就是斜边，mc^2 和 pc 分别就是两个直角边，它们一起构成了质动能三角形。

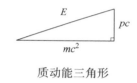

质动能三角形

当速度为 0 时，pc 这条边长度为 0，E 就等于 mc^2；当质量为 0 时，mc^2 这条边就为 0，E 就等于 pc。

有了这样的认识，我们再来回答前面的问题：为什么光子没有质量却有能量？

因为光子虽然没有质量 E，但是它有动量 p，所以它有能量 E。并且，光子的动量 p（$h\nu/c$）和能量（$h\nu$）的定义方式是按照量子力学来确定的，跟狭义相对论里有质量物体的动量和能量的定义并不一样，但是它们都遵守推广之后的质能方程。

这样，大家把整个问题的前因后果想明白了吗？

有了这个推广之后普适的质能方程，大家应该就可以彻底放弃动质量这个概念了。

本书所涉及的有关牛顿力学的内容可以参考我的另一本书《什么是高中物理》（已出版）。

参 考 文 献

[1] 梁灿彬. 从零学相对论[M]. 北京：高等教育出版社, 2013.
[2] 梁灿彬. 微分几何入门与广义相对论[M]. 北京：科学出版社, 2006.
[3] 李醒民. 论狭义相对论的创立[M]. 成都：四川教育出版社, 1997.
[4] 爱因斯坦. 爱因斯坦文集[M]. 许良英, 李宝恒, 译. 北京：商务印书馆, 2009.
[5] 派斯. 爱因斯坦传[M]. 北京：商务印书馆, 2015.
[6] 艾萨克森. 爱因斯坦传[M]. 张卜天, 译. 长沙：湖南科学技术出版社, 2014.
[7] 马赫. 力学及其发展的批判历史概论(力学史评)[M]. 李醒民, 译. 北京：商务印书馆, 2019.
[8] 郭奕玲, 沈慧君. 物理学史[M]. 北京：清华大学出版社, 2005.
[9] 霍布林. 物理学的概念与文化素养[M]. 秦克诚, 刘培森, 周国荣, 译. 北京：高等教育出版社, 2008.
[10] 爱因斯坦. 狭义与广义相对论浅说[M]. 杨润殷, 译. 北京：北京大学出版社, 2006.
[11] 刘辽, 费保俊, 张允中. 狭义相对论[M]. 北京：科学出版社, 2008.
[12] 刘辽, 赵峥. 广义相对论[M]. 北京：高等教育出版社, 2004.
[13] 赵峥, 刘文彪. 广义相对论基础[M]. 北京：清华大学出版社, 2010.
[14] 陈斌. 广义相对论[M]. 北京：北京大学出版社, 2018.
[15] 格里菲斯. 电动力学导论[M]. 贾瑜, 胡行, 孙强, 译. 北京：机械工业出版社, 2013.
[16] 爱因斯坦, 英菲尔德. 物理学的进化[M]. 周肇威, 译. 北京：中信出版社, 2019.
[17] 爱因斯坦. 我的世界观[M]. 北京：中信出版社, 2018.
[18] 格林. 宇宙的结构[M]. 刘茗引, 译. 长沙：湖南科学技术出版社, 2012.
[19] 古特弗罗因德, 雷恩. 相对论之路[M]. 李新洲, 翟向华, 译. 长沙：湖南科学技术出版社, 2019.
[20] 丘成桐, 刘克锋. 百年广义相对论[M]. 北京：高等教育出版社, 2019.
[21] 曹天予. 20世纪场论的概念发展[M]. 上海：上海科技教育出版社, 2008.
[22] 布朗. 20世纪物理学[M]. 刘寄星, 译. 北京：科学出版社, 2014.
[23] 卡伦德. 物理与哲学相遇在普朗克标度[M]. 李红杰, 译. 北京：湖南科学技术出版社, 2013.